航天科技图书出版基金资助出版

航天任务分布式视景仿真技术

侯建文　师　鹏
贺　亮　赵育善　等 编著

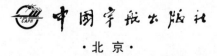

中国宇航出版社

·北京·

图书在版编目（CIP）数据

航天任务分布式视景仿真技术／侯建文等编著. －－
北京：中国宇航出版社，2013.7
ISBN 978 - 7 - 5159 - 0447 - 4

Ⅰ. ①航… Ⅱ. ①侯… Ⅲ. ①航天环境模拟—视景模
拟—可视化仿真 Ⅳ. ①V524.3

中国版本图书馆 CIP 数据核字（2013）第 151379 号

责任编辑 刘亚静 杨 洁
责任校对 祝延萍 封面设计 文道思

出 版
发 行 **中国宇航出版社**
社 址 北京市阜成路 8 号 邮 编 100830
(010)68768548
网 址 www.caphbook.com
经 销 新华书店
发行部 (010)68371900 (010)88530478(传真)
(010)68768541 (010)68767294(传真)
零售店 读者服务部 北京宇航文苑
(010)68371105 (010)62529336
承 印 北京画中画印刷有限公司
版 次 2013 年 7 月第 1 版 2013 年 7 月第 1 次印刷
规 格 880×1230 开 本 1/32
印 张 8.125 字 数 226 千字
书 号 ISBN 978 - 7 - 5159 - 0447 - 4
定 价 58.00 元

航天科技图书出版基金简介

航天科技图书出版基金是由中国航天科技集团公司于 2007 年设立的,旨在鼓励航天科技人员著书立说,不断积累和传承航天科技知识,为航天事业提供知识储备和技术支持,繁荣航天科技图书出版工作,促进航天事业又好又快地发展。基金资助项目由航天科技图书出版基金评审委员会审定,由中国宇航出版社出版。

申请出版基金资助的项目包括航天基础理论著作,航天工程技术著作,航天科技工具书,航天型号管理经验与管理思想集萃,世界航天各学科前沿技术发展译著以及有代表性的科研生产、经营管理译著,向社会公众普及航天知识、宣传航天文化的优秀读物等。出版基金每年评审 1~2 次,资助 10~20 项。

欢迎广大作者积极申请航天科技图书出版基金。可以登录中国宇航出版社网站,点击"出版基金"专栏查询详情并下载基金申请表;也可以通过电话、信函索取申报指南和基金申请表。

网址:http://www.caphbook.com

电话:(010) 68767205,68768904

《航天任务分布式视景仿真技术》
作 者 名 单

第 1 章　侯建文（上海航天技术研究院）

　　　　师　鹏（北京航空航天大学）

　　　　贺　亮（上海航天控制技术研究所）

第 2 章　侯建文（上海航天技术研究院）

　　　　陈建光（中国航天系统科学与工程研究院）

　　　　韩　飞（上海航天控制技术研究所）

第 3 章　师　鹏（北京航空航天大学）

　　　　刘　涛（北京航空航天大学）

　　　　谢　冉（北京航空航天大学）

第 4 章　贺　亮（上海航天控制技术研究所）

　　　　孙　俊（上海航天控制技术研究所）

　　　　卢　山（上海航天控制技术研究所）

第 5 章　赵育善（北京航空航天大学）

　　　　吴炳石（陕西应用物理化学研究所）

　　　　吴　蕊（上海航天控制技术研究所）

第 6 章　师　鹏（北京航空航天大学）

　　　　夏丰领（中国空空导弹研究院）

　　　　贾成龙（上海航天控制技术研究所）

第 7 章　贺　亮（上海航天控制技术研究所）

　　　　刘宗明（上海航天控制技术研究所）

　　　　陈　赟（上海航天控制技术研究所）

前　言

　　自 1957 年 10 月 4 日，苏联在拜科努尔发射场发射第一颗人造地球卫星（Sputnik）以来，世界航天技术经历了半个多世纪的发展，人类已经逐步掌握了进入空间和利用空间的科学理论和工程技术，世界各航天强国也将越来越多的航天任务列入研发计划。航天任务的研发和实施是一项高技术、高风险和高投入的系统工程，只有经过详细设计、分析与论证的航天任务才能达到设定的目标。仿真和试验是人类进行航天技术探索的主要手段，航天技术的特点使得进行试验的代价十分高昂，普遍的方法是通过仿真进行航天新技术的探索和工程设计，这样既节约了成本，也降低了风险。伴随着航天技术的高速发展，仿真技术在世界各国航天任务的研发中多次发挥过重要作用。在我国的航天任务研发中，从预先研究到任务执行，仿真技术也一直受到航天任务各参研单位的高度重视。

　　航天任务分布式视景仿真是系统仿真技术与航天工程相结合的产物，是以航天器动力学原理、相似原理、系统工程理论、虚拟现实技术、分布式仿真技术及应用领域相关专业技术为基础，以计算机、各种模拟器以及专用设备为工具，利用所建立的航天器系统模型对真实的或假想的航天器系统进行动态演示、分析和研究的一门多学科的综合技术。除了仿真技术所具有的一般性特点之外，航天任务分布式视景仿真还具有运行效率高、可靠性高、可信度高、分析能力强、可视化效果好、展示效果逼真等显著特点，这些特点促使航天任务分布式视景仿真技术成为当今航天任务仿真和未来仿真技术发展的重点和热点，航天任务分布式视景仿真技术也必将在未来世界航天技术的发展中占据重要地位。

本书内容分为7章，深入浅出地介绍了航天任务分布式视景仿真技术的研究概况、基本理论、关键技术和相关软件，重点对航天任务分布式视景仿真中的数学模型、仿真框架、信息流和时间同步管理等关键技术进行了阐述，同时结合分布式仿真平台和三维视景仿真软件对相关仿真原理和方法进行了说明。读者可参考本书利用相关仿真工具软件搭建航天任务分布式视景仿真系统，从而开展更深层次的研究和开发工作。

本书的完成是集体智慧的结晶，本书的作者来自航天、航空、兵器等多个领域的科研单位、高等院校和情报机构，力求本书所述内容系统、全面。支撑本书的除了作者们近几年发表的论文和技术报告（列于各章参考文献中），还有8篇重要的博士学位论文（详见本书附录），在此一并对论文和报告的作者表示感谢。最后，特别感谢航天科技图书出版基金对本书的资助，以及中国宇航出版社为本书出版所做的大量工作。

本书是作者们多年来从事航天工程技术研发的经验总结，内容丰富、全面，具有很强的实用性。限于作者的水平，书中难免有疏漏和不妥之处，敬请广大读者批评指正，不吝赐教。

作　者

2013 年 7 月

目　录

第 1 章　概论

人类认识客观世界的主要手段是实践，人类只有通过不断的实践才能认清事物发展的客观规律。纵观人类漫长的文明史，一直是生产活动在推动着人类文明的发展。在科学技术日益发达的今天，生产活动比历史上任何时候都更具规模，人类的知识也相应地呈现爆炸式的增长。另一方面，人类为组织生产而进行的实践活动也更宽广，生产活动对未知领域所进行的探索活动转变为独立的科学实验，它已经成为人类探知客观世界的主要手段。

科学实验分为两种，一种是原型实验，一种是仿真实验。原型实验通过对物理原型直接进行实验来获取相关的信息。这种方法比较直接，但是风险大，周期长，投入高。仿真实验是对物理原型的模型进行实验，按照所采用模型的不同，又分为物理模型仿真、半物理仿真和数字仿真。

在科学实验方面，面向工程应用的实验多以物理模型和半物理模型方式进行仿真，而数字仿真则在理论研究方面应用得比较多。

在计算机技术迅速发展的今天，数字仿真技术在科学技术的各个方面扮演着越来越重要的角色。一方面，数字仿真可以通过计算机验证新理论和新方法的正确性，同时提供一种风险规避手段，特别是在一些特殊的领域，例如核爆炸、空间飞行任务等，数字实验与工程实验相比，在投入和风险承受能力方面具有十分明显的优势。另一方面，通过数字仿真可以模拟人类的实践活动，仿真过程可控性和可观测性的存在，方便了对客观世界的观察和研究，能够指导新理论和新方法的开发。

以天体力学和飞行力学为基础，伴随着计算机计算能力、计算数学和仿真技术的发展，数字仿真在空间飞行器的设计和飞行任务的设计过程中也扮演着越来越重要的角色，仿真技术在理论研究和任务分析中应用的深度和广度都得到了很大的拓展。

1.1　航天任务仿真的背景

1957 年 10 月 4 日，世界上第一颗人造地球卫星发射升空，标志着人类进入航天科技时代。按忧思科学家联盟（Union of Concerned Scientists，UCS）的统计，截至 2007 年 1 月 4 日，在轨运行的航天器总数为 844 颗，其类型从军用的侦察卫星到民用的通信卫星、气象卫星，还有军民两用的导航卫星等，几乎囊括了人类生活的各个方面。

目前，国际上正掀起新一轮的航天热。自从有人类文明以来，对空间科学的探索从来没有停止过。在经历了长期的积累之后，人类终于在 20 世纪 50—70 年代突破了航天基础技术，相继开展了载人航天、交会对接和载人登月等重大工程。从 20 世纪 80 年代开始，人类的航天活动趋于理性，把重点放在了空间应用研究方面，设计并发射了一大批具有较高技术水平的空间应用卫星，推动了民用航天领域的发展。进入 21 世纪，许多国家和组织相继出台了宏大的航天活动计划。美国继续加大其在空间应用和深空探测方面的投入，并制定了 2020 年前实现再次载人登月的计划；俄罗斯随着其国内经济的增长，逐步加大对航天科技的支持力度，试图恢复苏联时代在空间的影响力；欧洲继续走在空间科学研究的前列，努力提高独立航天能力；日本则斥巨资发展航天技术，以实现其成为政治大国的目的；印度大力发展航天技术，并计划在 2020 年前实现载人登月。

我国在 1956 年 10 月 8 日成立了第一个火箭导弹研究机构——国防部第五研究院，并于 1970 年 4 月 24 日发射了自主设计制造的第一颗人造地球卫星——东方红 1 号。经过 50 多年的发展，中国已经成功发射了多种类型的无人航天器和神舟系列载人飞船，能够独立开展较为先进的空间技术开发活动。2006 年发布的《中国的航天》

白皮书指出：中国在 2001—2005 年期间发射了 22 颗不同种类和用途的人造地球卫星，形成六个卫星系列——返回式遥感卫星系列、"东方红"通信广播卫星系列、"风云"气象卫星系列、"实践"科学探测与技术试验卫星系列、"资源"地球资源卫星系列和"北斗"导航定位卫星系列；继 1999 年发射神舟 1 号无人飞船后，又成功发射了 3 艘无人飞船和 2 艘载人飞船，突破了载人航天的关键技术。

中国航天 50 多年来取得了巨大的成绩，但与国际先进水平相比还存在相当大的差距。就在轨运行的卫星规模来讲，中国只有 39 颗，远低于美国的 444 颗和俄罗斯的 91 颗（UCS 数据）；就应用类型来说，中国还没有自己的空间站；就空间应用技术的水准来看，在航天器总体技术、有效载荷的开发和任务的规划能力等方面还有明显差距。在可以预见的将来，随着中国国力的日益提升，中国必将在航天活动中投入更多的人力和物力，取得与国家地位相符的航天技术地位，展开一系列的空间应用项目和空间探测计划，继续推动航天事业的快速发展，为国家的发展和腾飞助力。

航天工程是高技术、高风险和高投入的系统工程，只有经过详细设计、分析与论证的航天任务才能达到设定的目标。仿真和试验是人类进行航天技术探索的主要手段，由于航天技术的"三高"特征，使得进行试验的代价十分高昂，普遍的方法是通过仿真进行新技术的探索和工程设计，对于重大原理性的技术则通过发射试验航天器的方法进行工程验证，既节约了成本，又降低了风险。

仿真系统之所以在航天工程中具有如此重要的地位，是因为它具有相应物理系统无法比拟的特性，具体是指：1）可操作性；2）可观测性；3）经济性；4）可预测性。有资料表明，仿真对于工程的投入产出比可以达到 1：100 的高水平。对于发展中的中国来说，资金问题仍然是限制我国进行航天活动的主要因素，为了更快、更好地进行航天活动，仿真技术的研究与发展应该起到更为重要的作用。

美国于 1958 年成功发射其第一颗人造地球卫星，有关航天器气浮仿真台的报导最早出现在 1960 年，可以说，航天仿真技术是与航天技术同步发展的。目前，航天任务越来越复杂，为辅助航天器设计和航天器飞行任务规划，伴随航天任务实施的不同阶段，不同的仿真系统被开发出来执行相关的仿真工作。

为了对航天器飞行任务进行操作仿真，包括航天器发射前的系统仿真和航天器运行期间指令上传前的验证仿真，其设计过程中的各阶段仿真元素被集成到一个仿真系统中。出于系统设计便利和避免工作重复开展的考虑，一类仿真系统框架被建立起来。框架提供弹性的仿真系统组织结构，通过分阶段建模与集成，伴随航天任务的实施过程，提供不同阶段的仿真服务。

随着仿真技术的发展，仿真模型越来越精确，为了组建可信的仿真系统，系统的集成度也越来越大，系统复杂度也相应地达到了空前的高度，给仿真系统的设计、集成与测试带来了障碍，也对计算机的计算能力提出了更高的要求。

软件组件是指具有规范接口和明确依附关系的独立单元，仿真组件有助于降低仿真系统的复杂程度，对复杂仿真系统的设计与实现具有重要的意义。微型计算机和计算机网络性能的发展，使得仿真系统得以按分布式的方式组织：各个仿真组件运行在不同的计算机上，通过网络进行彼此之间的通信，共同完成仿真任务。这种分布式的仿真系统特别适用于以微机和局域网（local area network，LAN）为基础的教学、科研活动。

近年来，研究人员对分布式系统投入了越来越多的关注，并在许多方面开展了研究工作，如协调和同步、扩展性、通信、安全、容错、异构和管理等。

目前，用于分析仿真的分布式仿真系统绝大多数都通过自行开发的网络通信模块进行系统集成，例如 Agent，系统仿真工具箱（system simulation toolkit，SST）等。高层体系结构（high level architecture，HLA）技术是分布式建模与仿真领域的新技术标准，目标是推动组件的重用和互操作，为分布式的虚拟场景仿真和分析仿真提供系统集成基础。由于 HLA 技术是因虚拟场景仿真，特别是战场仿真的需求开发的，因此在组建分析仿真系统时，针对物理系统的特点，例如系统构建、组件同步等问题，需要深入地研究和分析。

为了实现对航天器飞行任务的建模与仿真，为工程大总体提供强有力的分析、论证支持，本书把 HLA 分布式仿真技术引入航天任务系统仿真中，就仿真系统的组建、系统组件的扩展与重用、系统的严格同步策略和仿真系统的推进效率等问题，对 HLA 的相关技术进行深入地研究和评估，设计出适合航天任务仿真需求的系统组建方案，为基于 HLA 技术组建航天任务仿真系统解决基本的系统组织原则、组件数据交互基础、组件时间同步策略和组件软件构架等问题。

本书结合航天任务系统仿真的特点，运用 HLA 分布交互式仿真技术和软件工程技术，设计航天任务系统仿真框架，包括系统组织原则、组件数据通信方案、组件时间同步机制和组件软件构架。该框架在系统组织层面上为航天任务仿真系统的组建提供组织基础和依据，为解决仿真系统组建问题而采取若干旨在减少对系统开发人员在 HLA 技术、航天任务系统建模与分析技术和软件工程技术三方面知识需求的技术，降低系统开发的难度，对系统的设计与实现具有重要意义，也有力地支持了系统的团队开发。

1.2 国内外研究现状

目前，航天任务仿真主要集中在虚拟航天任务仿真系统的开发与组建方面，目的是为航天任务设计、规划、验证、操作提供仿真和分析服务。航天任务仿真主要在航天器尚未发射升空前对航天器的任务操作进行仿真，对航天器的有效载荷进行性能评估，验证和分析航天器各主要子系统的功能。

喷气推进实验室（Jet Propulsion Laboratory，JPL）从 1996 年开始进行虚拟任务（virtual mission，VM）项目的开发，负责人是

M·李（M. Lee）。VM 项目有 3 个目标，分别是：

1）可逆设计（reversible design），既可以从组件模型到虚拟任务系统再到任务操作仿真系统进行设计，也可以反方向进行。

2）集成设计（integrated design），虚拟任务系统对各个子系统以集成系统的形式进行仿真，并提供系统级别的修改反馈。

3）验证设计（validated design），以实际操作场景和任务环境为依托，进行系统级别的虚拟任务操作，对任务系统进行验证。这些验证包括子系统间的交互、时变资源的使用、环境相关的指令操作和数据处理等。

喷气推进实验室把虚拟航天任务仿真模型分为 3 层，分别是任务模型空间层、虚拟任务系统层和虚拟任务操作层。该 VM 基本结构如图 1 - 1 所示。

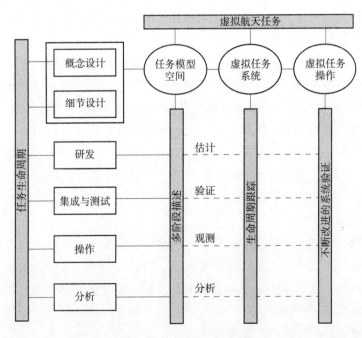

图 1 - 1　VM 基本结构图

该 VM 包括两种类型，一是虚拟任务操作，二是虚拟任务系统。前者是人-机交互基础，提供任务场景的设置和任务仿真数据的表达；后者是仿真系统的模型基础，提供 VM 各子系统的模型表达，这些模型包括物理世界模型（含天体模型、环境模型等）、航天器模型和应用载荷模型。

在 VM 系统的建模方面，所有的仿真都采用数字仿真，即虚拟样机技术，航天器各子系统以组件的形式实现，各组件通过 agent 集成到虚拟任务操作仿真系统中。

在仿真结果的表现方面，通过事件驱动的仿真技术提供观察和科学分析的场景，包括运行场景的表现和系统状态的监视。

VM 是为进行航天任务的虚拟操作设计的仿真系统，已经应用到了深空 1 号（Deep Space-1）探测器项目的仿真上，并得到了有效的验证。

作为 JPL VM 项目的深化，虚拟任务操作框架（virtual mission operation framework，VMOF）包括 3 个仿真框架，分别是模型集成框架、仿真框架和可视化框架。目的是为不同的航天任务仿真系统建立一个通用的组织框架，在任务的设计阶段就能为任务的最终操作提供仿真服务。将最终操作与设计过程融合，在设计过程中就能通过任务的操作仿真对设计结果进行验证与分析，为任务的顺利执行提供保障，降低任务的风险。

在航天任务仿真方面做出成绩的还有应用物理实验室（Applied Physical Laboratory，APL）。西尔博伯格（Silberberg）分析了几种不同的航天器，通过对其共同性质进行抽象，建立了一个进行航天器建模与仿真的标准模型，并称这种以纯软件方法表达的航天器为虚拟航天器。该航天器仿真标准模型以 HLA 为基础进行集成，并对仿真提供知识支持能力。所谓知识支持能力是指系统具有知识数据库，能够记录仿真历史，并可以让系统在操作时访问这些知识。

SciBox 是一个集成化的软件工具包，用于航天任务的操作仿真、任务规划和指令仿真，并提供监测这些仿真结果的可视化工具及仿真结果记录。SciBox 包括系统集成体系结构、分层的软件集成思想等，并根据使用需求设计了公用软件层（例如 service 层和 definition 层）。

美国空军研究实验室（Air Force Research Laboratory，AFRL）开展的航天器姿态控制仿真系统与终端到终端的航天器建模与仿真，从某种意义上讲，也是航天任务仿真系统，因为它们都提供对航天器任务操作过程的仿真。航天器姿态控制仿真系统是针对航天器运行操作人员培训而开发的，航天器姿态控制部分采用数字仿真，并可以嵌入真实卫星的控制系统软件。该系统提供操作场景的可视化和真实数据与预测数据的对比输出，有利于操作人员对操作正确性的分析和错误原因判断。

终端到终端的航天器建模与仿真则提出了基于 SST 进行航天器建模与仿真的方法，不仅集成了航天器的动力学仿真模型，还集成了航天器电源系统、通信系统等航天器子系统。由于 AFRL 的研究是基于战场仿真的，所以该航天器组建的最终目的是为航天技术应用仿真提供数据支持，并可以通过分布式交互仿真（distributed interactive simulation，DIS）等交互仿真标准集成到其他仿真系统中去。

国内的航天任务仿真也取得了不小的成绩，北京航天飞行控制中心、国防科技大学和中国空间技术研究院等都开展了相关的研究工作。

北京航天飞行控制中心一直在进行航天飞行任务方面的仿真工作，2005 年提出了一种基于 HLA 构建用于载人航天任务仿真的航天飞行任务联合仿真系统。研究认为："为了实现航天员、飞行器、测控网等子系统仿真器的集成，建立一个配置灵活、扩充性强的系统，需要实现一个标准的平台体系结构和互操作的仿真部件。……HLA 是实现上述目标的理想体系结构。"但他们的研究仅限于分析和论证，而不是实际系统的设计与集成。

张占月基于 STK（satellite tool kit）进行了航天任务仿真的方案分析，系统是单机仿真应用，通过 STK/Connect 实现对 STK 内

部模型和视景输出场景的配置，认为："STK 软件适宜仿真对象数
目不多、非实时、对可视化要求较高的航天任务。"

柯冠岩在《面向航天任务综合仿真的想定生成系统研究》一文
中，描述了一种基于 HLA - RTI 组建的航天任务仿真系统。该系统
具有一个想定生成仿真组件，作为 HLA 邦员存在于 HLA 兼容仿真
系统中，提供为航天任务综合仿真进行想定设置的人-机交互界面，
想定设置的数据则通过解析，驱动其他 HLA 邦员组件，例如基于
STK 的组件、基于 Matlab 的组件等。该系统的思想来源于战场仿真
中的计算机生成兵力技术，所以它也以组建交互式虚拟仿真环境为
最终目的。

蓝朝桢以开放性图形库（open graphics library，OpenGL）为基
础开发了一种航天任务视景仿真系统，目的是为航天任务仿真提供
最终的数据可视化服务，适合作为航天任务仿真系统的数据表达模
块。所以，系统对航天器的飞行环境和航天器本身的动力学模型等
考虑不足。

中国空间技术研究院正在基于 HLA 开发名为"航天系统仿真环
境"的仿真系统，事实上它就是本书提到的航天任务仿真系统。该
系统在组织方案上提供航天任务仿真的空间环境数据库、航天器数
据库等数据库，以及数据统计分析工具、资源管理工具等工具，用
于组建不同类型的仿真系统，例如通信星座仿真系统等。在模型上，
系统提供动力学与控制模型、环境模型、交换和关系模型、效能评
估模型、通信性能评估模型和光学传感器性能评估模型等，可以作
为仿真系统组建的基础模型支持和算法库支持。该系统目前正在开
发过程中，一些工具和模块已经开发完成等待集成测试，也正因为
此，系统对于 HLA 机制下的时间同步管理算法等没有给出明确的
方案。

1.3　分布式交互仿真的发展

分布式交互仿真技术，顾名思义，就是通过运行在地理位置分散的计算机上的仿真程序开展同一项仿真任务的仿真技术。分布式交互仿真强调两个方面，一是仿真，二是分布式计算。分布式交互仿真技术使得计算机仿真程序可以运行在地理上分散的一组由通信网络联系在一起的各个独立的计算机上。这些计算机是相互独立的，每个计算机都有自己独立的存储器，独立的执行元件，独立的各种外部设备，它们可以是由不同的厂商生产的，并且安装了不同的操作系统。分布式仿真技术是分布式计算技术在仿真领域的应用，各个仿真组件运行在不同的计算机上，计算机通过网络进行通信，共同完成仿真任务，特别适合于在实验室开展的科研活动。

分布式交互仿真意在把分散在各地的仿真器通过计算机网络连接起来，相互协同完成仿真任务。分布式交互仿真技术最初是由美国提出用于战场仿真的，第一个应用是 SIMNET（simulation networking）计划，其目的是将分散的多个地面车辆仿真器通过网络集成起来，进行队组级的协同作战任务训练。后来又发展了 DIS 和聚集级仿真协议（aggregate level simulation protocol，ALSP）。DIS 和 ALSP 是两个平行的计划，前者侧重于分布式交互仿真技术的实践和应用，后者主要研究聚集级分布构造仿真系统的体系结构及相应的关键技术。

分布式虚拟环境最大的使用场所是游戏和军事训练。它不追求仿真时间的绝对同步，而是追求用户感官对虚拟环境感受的真实程度，只要这种时间的不同步不影响用户的感官感受就可以。DIS 作为这种环境的典型代表，被广泛地应用到军事仿真环境中，例如仿真模拟器、虚拟战场训练器、战争模拟等。DIS 的主要使命是为分布在不同地方仿真应用的相互联系提供一个具有高度交互性的、逼真的虚拟世界创建框架。也就是说，DIS 特别强调各个仿真应用间的交互性，并为建立这种交互提供一种实现层面的框架标准，仿真的同步性通过网络的高实时性来保障。这种高实时的网络，可以组建较小规模的仿真，但无法用作组建大规模仿真系统。原因是系统集成度越高，所需要传递的数据就越多，DIS 这种消息群发的机制造成实现这些数据高实时传输需要付出的代价就越高。正是由于仿真界认识到 DIS 标准的缺陷，才催生了新的分布式虚拟环境建设标准。

在 DIS 和 ALSP 应用经验的基础上，同时也为了克服当时仿真应用领域存在的不足，美国国防部在 1995 年开始倡导建模与仿真主计划（modeling and simulation master plan，MSMP）。

MSMP 旨在克服当时建模与仿真领域里存在的如下问题：

1）各个用户社区（user community）平行发展，集中在很窄的领域；

2）不能全部满足有效（active）、储备（reserve）和联合（joint）的需求；

3）开发时间长；

4）开发和运行的费用高；

5）没有通过校验（verified）、验证（validated）和鉴定（accredited）；

6）无法与其他可能用到的仿真资源进行互操作；

7）维护和扩展困难。

MSMP 设定了 6 个目标：

1）为建模与仿真提供一个通用的技术框架；

2）提供自然环境的适时权威表达；

3）提供系统的权威表达；

4）提供人类行为的权威表达；

5）提供一个建模与仿真的基础结构以适应开发人员与用户的需求；

6）共享建模与仿真的成果。

其中，为建模与仿真提供一个通用的技术框架是 MSMP 的核心内容，也是实现 MSMP 计划的基础，它包含 3 个部分，分别是 HLA、概念模型与任务空间（conceptual models of the mission space，CMMS）和数据标准（data standard，DS）。这 3 个部分各有所侧重，HLA 为不同仿真组件间的互操作和组件重用提供便利；CMMS 为兼容与权威的（consistent and authoritative）仿真描述提供一个开发基础；DS 则为模型、仿真系统与 C^4I 系统间提供通用的数据表达。

HLA 作为新的分布式交互仿真体系框架标准，它是 ALSP 支撑框架和 DIS 新的发展。HLA 的目的是建立具有良好交互性和可重用性的分布式仿真系统软件体系结构。在 HLA 体系框架下，一个分布式仿真就是一个联邦（federation），组成联邦的每一个独立的仿真器称为联邦成员（federate）。联邦成员可以是计算机仿真程序，也可以是一个以软件为接口的物理设备，或者是一个被动的数据查看器。

在建立 HLA 体系框架时，面对的原型联邦有 4 种，分别是：

1）仿真平台性质的原型联邦。例如 DIS 类型的训练系统，即一类人在回路的实时训练系统。

2）联合训练原型联邦。例如以最大速度运行的时间驱动或事件驱动的战略层次的仿真训练。

3）分析原型联邦。例如提供决策建议的以最大速度运行的事件驱动战场仿真。

4）工程原型联邦。例如硬件在回路的具有实时性限制的仿真。

虽然 HLA 是以实现这四类原型联邦为目的而发展的，但由于其在体系框架可扩展性、良好的交互性、完善的时间同步管理机制和完备的服务等方面的优势，使得 HLA 在许多领域都得到了很好的应用。也正是由于 HLA 的这些优点，使得基于 HLA 的分布式科学仿真得以实现。美国国家航空航天局（National Aeronautics and Space Administration，NASA）也认为 HLA 为开发基于网络的、具有良好可扩展性的分布式仿真系统提供了一个良好的体系框架。

虽然 HLA 是美国国防部为解决军事仿真领域，特别是虚拟战场而提出的，但它所倡导的提高仿真组件的互操作能力和增加仿真组件的可重用能力等是整个建模与仿真领域共同的需求，一经发布即在其他仿真领域显示出强大的生命力。美国电气和电子工程师协会（Institute of Electronics Engineers，IEEE）接受了 HLA 标准，并在 2000 年 9 月发布了 IEEE 1516 系列 HLA 标准，包括 4 个标准文档：

1）IEEE 1516 框架与规则；

2）IEEE 1516.1 联邦成员接口规范；

3）IEEE 1516.2 对象模型模板规范；

4）IEEE 1516.3 IEEE 推荐的 HLA 联邦开发与执行流程（2003 年 4 月发布）。

提出 ALSP 的出发点在于统一建模与仿真社区，规范仿真模型的表达，提高仿真组件的重用性和增强组件间的互操作能力。达到这样的目标，将使仿真各社区可以依照相同的技术规范进行本领域的建模与仿真，航天技术仿真同样是它的受益群体之一。

MSMP 的主要目的是规范仿真领域的应用建模与开发。HLA 作为建模与仿真主计划的通用技术框架，是整个建模与仿真主计划的基础，是整个建模与仿真主计划的首要发展目标，也是整个建模与仿真主计划的核心技术。

HLA 在系统级别上为建模与仿真应用建立了仿真体系框架，使得不同用途、不同实现的仿真系统遵循相同的体系结构，也使得用不同代码编写的、运行于不同平台上的仿真组件可以集成到同一个仿真系统中。

HLA 技术由 3 个部分组成：

1）框架与规则；

2）运行支撑框架（run‐time infrastructure，RTI）与联邦成员接口规范；

3）对象模型模板（object model template，OMT）规范。

框架与规则。框架与规则是 HLA 技术的基础，它规定了 HLA

兼容的仿真系统的结构形式和系统设计时必须遵循的规则。框架与规则规定 HLA 兼容的仿真系统包括两个部分，一是通用的 RTI，它负责各仿真组件间的通信和协调管理；二是用户定义和开发的仿真应用。在仿真应用的定义和开发方面，框架与规则规定仿真应用在对物理系统进行抽象时，描述数据的定义必须遵循 OMT，并且系统的行为遵守 HLA 规则。HLA 规则有 10 条，如表 1-1 所示，包括 5 条联邦规则和 5 条联邦成员规则，它们是 HLA 兼容的仿真系统/仿真器的行为准则和设计准则。

表 1-1　HLA 规则

序号	规则
1	联邦应该具有一个依据 OMT 定义的联邦对象模型（federation object model，FOM）
2	联邦中仿真对象的表达应该在联邦成员中，而不是在 RTI 中
3	在联邦执行中所有 FOM 定义的数据在联邦成员间进行交换时必须通过 RTI
4	在联邦执行中，入盟联邦成员应该通过 HLA 接口规范与 RTI 进行交互
5	在联邦执行中，对象属性在任何时刻都最多只能为一个联邦成员所拥有
6	联邦成员应该有一个依据 OMT 定义的仿真对象模型（simulation object model，SOM）
7	联邦成员可以对 SOM 数据中的对象属性进行更新/映射，对交互进行发送/接收
8	联邦成员可以对 SOM 数据中的对象实例的所有权进行动态的转移和接受
9	联邦成员能够改变 SOM 中定义的对象属性的数据更新条件
10	联邦成员能够管理本地逻辑时间，与联邦执行中的其他联邦成员协调地进行数据交换

RTI 与联邦成员接口规范。RTI 是 HLA 兼容的仿真系统的公用组件，它为联邦执行内的所有入盟联邦成员提供进行信息交互的基本手段，并且对整个联邦执行的运行进行管理。联邦成员接口规范就是 HLA 定义的一组完备的用户应用函数接口，它为联邦成员与 RTI 的交互提供一组标准的函数集合。这组函数有两种类型，一种是普通服务，另一种是回调服务。普通服务的功能由 RTI 实现，各仿真器通过本地代码调用服务函数实现需要的操作；而回调服务对应的函数由联邦成员实现，RTI 通过调用这些函数实现对联邦成员

的操作。至于何时调用回调服务和如何调用服务函数，则由 RTI 通过用户预先的设置进行判断和管理。RTI 在整个仿真系统中相当于一个分布式的操作系统，负责整个仿真系统的底层通信和运行管理。HLA 联邦成员接口规范定义的 7 类服务集，即 6 类管理服务和 1 组支持服务，各类服务集名称及对应的功能如表 1 - 2 所示。

表 1 - 2　HLA 联邦成员接口规范定义的 7 类服务集

名称	功能
Federation Management	联邦的创建、动态控制、更改和删除
Declaration Management	联邦成员声明信息的产生与需求、更新/发送与映射/接收
Object Management	注册、更改、删除对象类实例及发送和接收交互类
Ownership Management	在入盟联邦成员间转移实例属性的所有权
Time Management	在联邦执行期间定制消息的传递
Data Distribution Management	用于避免不相关数据的传递与接收
Support Services	其他相关的服务

HLA 联邦成员接口规范定义的 6 类管理和 1 组支持服务是用户定义的仿真应用在联邦执行中与 RTI 及其他联邦成员进行交互的基础，所有的交互都发生在入盟联邦成员与 RTI 之间，并且所有的交互都通过 HLA 联邦成员接口规范中定义的服务进行。

OMT 规范。OMT 是面向对象的建模方法，是物理系统向仿真系统抽象的通用描述语言，也是 HLA 实现良好互操作性的一个关键技术，它提供了仿真对象在联邦成员以外的外部可见性。

OMT 规范包括的主要描述对象是 FOM 和 SOM。事实上管理对象模型（management object model，MOM）也是它的描述对象，只是 MOM 已经作为每一个 FOM/SOM 的固定子集了。

FOM 是整个联邦运行时的配置数据，它定义了该联邦范围内仿真世界存在的各个仿真对象和联邦执行时的配置信息，是联邦执行内各入盟联邦成员和 RTI 对数据共同理解的基础。

SOM 是单个仿真组件的信息需求和能力的描述文档，它提供仿真对象在该联邦成员以外的外部可见性，SOM 和对应仿真器一起构成一个完整的仿真组件。SOM 描述了仿真组件参与仿真时能够提供的数据和需要供给的数据定义，这在确定该仿真组件是否适于被集成到某个仿真系统中完成特定仿真任务时是至关重要的，也是 HLA 实现组件重用和互操作的技术基础。

　　MOM 定义了一组用于联邦成员控制 RTI 和获取 RTI 运行信息的仿真对象。它允许入盟联邦成员通过 MOM 定义的仿真对象控制 RTI 的功能，也允许入盟联邦成员通过 MOM 定义的仿真对象获得 RTI 的运行信息。MOM 是由 HLA 标准预定义的，而且是不允许修改的，用户作出的更改 RTI 将无法实现相应的数据更新和解释。

　　OMT 规范定义了描述 FOM/SOM 的标准格式，包括 13 个表格，见表 1-3。每一个 FOM/SOM 都必须包含这些表格，如果这些表格的数据不存在，则应存在一个对应的空表格。这些表格记录的数据在 IEEE 1516 标准中以 XML 文件的格式进行书写，编码格式为 UTF-8，RTI 则通过 XML 解析器获得相应的数据。

表 1-3　OMT 规范定义的 13 个表格

表名	功能
Object Model Identification Table	用于提供该模型文件的基本开发信息，如开发者、责任者等
Object Class Structure Table	定义对象类和对象类间的层次关系
Interaction Class Structure Table	定义交互类和交互类之间的层次关系
Attribute Table	定义每个对象类的属性变量及与其交互相关的设置
Parameter Table	定义每个交互类的参数变量及与其交互相关的设置
Dimension Table	定义用于数据按域分发的维数
Time Representation Table	定义时间的表达形式
User-supplied Tag Table	定义为指定服务提供附加的协调和控制信息的用户标志
Synchronization Table	定义用于数据和联邦同步的同步点
Transportation Type Table	描述数据传送模式
Switches Table	设置各开关的状态初值
Datatype Tables	定义所使用的数据类型
Notes Table	定义一组附加的信息

在 "*An Evaluation of the High Level Architecture（HLA）as a Framework for NASA Modeling and Simulation*" 一文中，里德（Reid）认为 HLA 技术在航天任务仿真方面具有自身的优势，但也存在着问题。

HLA 技术的分布式和组件化特征使得基于 HLA 更容易组建高可信度的（higher-fidelity）仿真系统，因为它有能力在提供更大规模仿真集成的同时控制仿真组件的复杂度。但是由于 HLA 的基本催生力量是分布式虚拟环境仿真，特别是虚拟战场仿真，所以它在组织航天任务仿真系统时存在着一些问题。例如它的组件通信机制虽然强大，却需要经过深入的理解才能合理使用；它的时间管理机制虽然颇具弹性，却不易理解和使用，设计弹性、有效的时间管理策略比较困难，而且会对组件的重用和扩展带来不利的影响等。

IEEE 1516 HLA 技术不仅是建模与仿真技术领域的新标准，同时也吸收了软件工程领域的最新技术。特别是对 C++ 接口而言，它采用最新的 C 99 标准，并使用了新标准下的标准模板库（standard template library，STL）作为其用户编程接口，对仿真器的编程实现增加了一些难度。

目前，随着仿真建模技术和软件技术的发展，使得仿真模型越来越细化，仿真的计算量也相应地越来越大。特别是随着参与航天任务的开发，越来越多的因素被建模并集成到仿真系统中，使得系统的集成规模越来越大，从而大大地增加了系统的复杂程度和计算机的计算负荷。

基于网络组建分布式仿真系统，由于采用组件式的集成方式，各组件以并行的方式运行在不同的计算机上，可以大大降低组件的复杂度，增加系统的集成规模。HLA 技术采用分布式的组织形式，通过设计一个通用的通信和管理支撑软件 RTI 来实现组件间的数据通信与管理。HLA 将仿真应用与底层的数据通信进行分离，把底层的数据通信与管理封装进 RTI，并把 RTI 作为整个仿真系统的运行基础，提供标准、完备的服务接口。由于 RTI 的存在，使得仿真系统开发人员有可能将更多的精力投入关注的领域，大大降低了系统的开发难度。

　　HLA 提供强大的面向对象的建模规范 OMT，使得仿真数据的表达具有统一的形式。正是由于 OMT 的存在，才使得借助可视化工具进行建模成为可能，方便了数据建模的同时也增加了数据的可读性。

　　近年来，星座和编队飞行等多航天器任务受到越来越多的关注，并在技术开发与应用方面取得了长足的进展。组建多航天器任务仿真系统时，如果采用硬件就需要多个硬件设施，资金投入将成倍增加；如果组织常规的单进程数字仿真系统，则计算机的计算量会成倍增加。而基于 HLA 组建分布式仿真系统，只需要开发一个邦员，就能将多个运行实例加入到同一个仿真系统，而且各个实例可以运行在不同的计算机上，不会增加单台计算机的计算负荷；唯一的影响是会增加 RTI 的计算量。从这方面讲，HLA 技术在组建多航天器的航天任务仿真系统时具有明显的优势。

　　综上所述，基于 HLA 组建航天任务仿真系统具有以下优势。

　　1）使仿真系统组件化。通过组件化，使得不同的子系统可以独立建模和开发，既提高了系统开发的并行程度，又降低了系统的复杂度。

　　2）OMT 的存在使得仿真数据建模方法可以在整个仿真系统内取得一致。统一数据理解有助于各仿真组件的独立开发，也使得各组件的角色定位更加明确和单一，这样既减小了系统开发的难度，又降低了系统集成测试的难度。

　　3）RTI 的存在降低了分布式仿真系统的开发难度。RTI 屏蔽了基于网络的数据通信，取而代之的是封装度更高、更具针对性的 HLA 服务，使得系统开发人员可以把更多的精力放到所关心的领域。

　　4）HLA 技术使得组建多航天器、多测控站的航天任务仿真系统变得更加容易。HLA 允许运行同一组件的多个实例加入到同一个仿真系统，这一特性为多航天器、多测控站航天任务仿真提供了便利。

5) HLA 技术使得为航天任务系统仿真提供统一构建框架成为可能。以促进重用和互操作为目的的 HLA 技术，更适合提供仿真器开发规范，方便仿真系统的组建。

6) HLA 技术使得构建更大规模仿真系统成为可能。HLA 技术具有分布式并行计算特性，使得在目前的计算条件下组建较大规模的仿真系统成为可能，且不会大幅度增加单台计算机的计算负荷，特别适合组建以微机和局域网为基础的大规模分布式仿真系统。

7) 仿真系统具有异构性特点，基于 HLA 技术开发的仿真系统可以由运行在不同平台上的、由不同的计算机语言开发的仿真组件共同组成，使得各个仿真组件可以选择最适合自身要求的方法来实现，增加了系统开发的弹性。

1.4　视景仿真技术

视景仿真技术本质上就是图形图像驱动技术，也就是将仿真模型的计算结果作为计算机生成图像的驱动数据，产生与人眼在真实环境中看到的场景相似的图像技术。视景仿真技术是虚拟现实技术的重要组成部分，而虚拟现实技术是一种基于计算信息的沉浸式交互环境。具体来讲，虚拟现实技术就是采用以计算机技术为核心的图形图像技术、光学技术和控制技术等，生成逼真的视、听、触觉一体化的虚拟环境，用户借助必要的设备以自然的方式与虚拟环境中的对象进行交互作用、相互影响，从而产生与真实环境相同的感受和体验。可见，视景仿真技术就是模拟生成人类视觉能感受到的景象的技术；对仿真来说，它也是表现仿真结果最直观的方式。

与其他数字仿真相似，分布交互式仿真的模型计算结果也是枯燥的数字，只有通过表格或曲线的方式表达出来才能方便阅读。但作为系统仿真，航天任务分布式交互仿真系统完成了从航天器轨道动力学、姿态动力学到任务载荷、航天器任务规划等不同类型的模型计算。如此大量的计算结果需要有直观的表达，才能便于仿真结果的利用与分析。视景仿真技术作为直观的表达方式，在仿真数据的表达方面具有明显的优势。

提到视景仿真技术，就不能不提 OpenGL。OpenGL 是一组免费的、跨操作系统的优秀 2D/3D 函数接口库，向用户提供图形编程功能。OpenGL 既可以在个人计算机上工作，也可用于工作站、超级计算机等高性能计算机上；既可以运行在 Windows 操作系统上，也可以运行在 UNIX，Linux，MacOS 和 OS/2 等操作系统上。OpenGL 是当前唯一能在图形绘制方面与微软的 DirectX 一争高下的图形函数库。它在高品质图形绘制领域具有极大的影响力，特别是在工程应用软件，例如 CAD/CAE/CAM、实时视景仿真等方面得到了广泛的应用。OpenGL 最初的 1.0 版本由 SGI 公司发布，当前最新版本是由 khronos 工作组在 2011 年发布的 4.2 版本。

Vega 是用于实时视景仿真的著名软件产品，其图形库就是基于 OpenGL 二次封装的结果，在图形表达上兼顾了实时性与显示性能的要求，在实时视景仿真领域具有强大影响力。Vega 是 MultiGen Paradigm 公司的产品，支持 C++语言的版本则称为 Vega Prime，目前版本是 5。MultiGen Paradigm 是一家美国公司，现已更名为 PRESAGIS，在视景仿真领域一直处于国际领先地位。PRESAGIS 公司强大的三维实体建模及三维地形场景生成工具，被认为是当今最优秀的建模软件。Vega Prime，Creator 和 Terra 等都是该公司的产品，Vega Prime 是视景配置和图形驱动工具，Creator 是 3D 建模工具，Terra 是地形创建工具，它们都是视景仿真中常用到的软件。

对于实时视景仿真来说，一般先使用 Creator 创建 3D 模型；使用 Terra 创建设定的地形；再使用 Vega Prime 完成地形等场景的配置，并通过驱动数据实现 3D 模型在场景中的运动。

1.4.1　Creator

MultiGen Creator 是由 MultiGen Paradigm 公司研制的三维建模工具软件。该软件具有针对实时应用优化的 OpenFlight 数据格式，强大的多边形建模、矢量建模、大面积地形精确生成功能，以及多种专业选项和插件，能高效、最优化地生成实时三维（RT3D）数据库。其具有的 API 程序开发接口，能与实时仿真软件紧密结合，在程序开发中实现模型的各种实时几何变换功能，在视景仿真、模拟训练、城市仿真、交互式游戏及工程应用、科学可视化等实时仿真领域有着世界领先的地位。其建模配置过程，如图 1-2 所示。

图 1-2　Creator 仿真模型创建

（1）Creator 建模技术原理

通过 Creator 提供的实例（instance）、切换（switching）等技术，可以方便地为实时交互应用程序建立地形、建筑、文化特征等虚拟场景模型。

①实例技术

当复杂模型中具有多个几何形状相同但位置不同的物体时（例如汽车的四个轮子），可以采用实例技术。在内存中只放入一个实例，其他的通过平移、旋转、缩放之后得到。这一技术通过牺牲时间减小了内存空间的开销。

②切换技术

当需要多种效果时，可建立多个模型，通过切换技术控制选择，从而达到比较逼真的特殊效果。

③自由度技术

自由度（degree of freedom，DOF）可以设置在模型中任何可以移动的物体上。它包含了与旋转、伸缩和位移相关联的参数变量，利用它便可在仿真程序中控制附加自由度的模型子节点。

④外部引用（external references）技术

外部引用技术允许用户直接把其他数据库模型引用到当前的数据库中进行重新定位。

（2）Creator 建模技术的主要特点

相对于其他建模软件，Creator 在建模技术上的主要特点集中在以下 3 个方面。

①Creator 采用 OpenFlight 数据格式

Creator 的模型文件采用 Vega Prime 所支持的 OpenFlight 数据格式，该文件格式已经成为视觉仿真领域最为流行的标准文件格式，这也是 Creator 优于其他建模软件的重要原因之一。OpenFlight 采用几何层次结构和节点（数据库头层次、组、物体、面等）属性来描述三维物体，它的逻辑层次结构及细节层次、截取组、绘制优先级、分离面等功能，使得图像产生器知道何时及如何绘制三维场景，极大地提高了实时系统的性能。

②Creator 软件具有优良的操作界面

Creator 建模界面精简、直观，并包含一套综合、强大的建模工具，建模操作简单、易用。Creator 在所见即所得、三维、实时的环境中创建可视层级数据库，能够看到在数据库的什么地方发生了什么事情。针对要完成的任务，总能找到所需的工具或使用自定义的工具箱，可以满足快速创建仿真模型的基本需求。

③Creator 具有地形表面生成和矢量建模功能

作为专门面向可视化仿真应用的实时三维仿真建模系统，具有一套快速创建大面积地形表面模型的强大工具，使地形精度接近真实世界，且带有高逼真度三维文化特征及纹理特征。它利用一系列投影算法和大地模型，生成并转化地形，同时保持与原型一致的方位。通过纹理影射，可生成逼真的地景，包括道路、河流、市区等。

（3）Creator 的应用

卫星的建模方法类似于静态物体的建模方法：首先建立物体的静态模型，然后对于可能有独立运动的部件设置单独的自由度节点，例如卫星的天线。随着程序的扩展，Creator 提供的这项功能就会体现出它的优越性。做好模型后，将模型格式转换成 OpenFlight 格式模型文件，添加到 Vega Prime 应用程序的应用配置文件（application configuration file，ACF）中。为了提高仿真的效率，模型不需要建立得很精细，外形细节可通过贴图实现。

1.4.2　Vega Prime

Vega Prime（VP）是一套应用于视景仿真的跨平台实时工具箱，它拥有高效能的软件环境和工具包以实现实时仿真和虚拟现实应用。它构建在 VSG（Vega scene graph）框架之上，是 VSG 的扩展应用程序编程接口。VP 是 MultiGen Paradigm 公司继 Vega 之后推出的又一重量级高性能实时 3D 软件开发包，且已经完全取代了原来的 Vega。它广泛用于实时仿真、城市仿真、虚拟现实仿真等多种领域，为用户提供了更加方便、更加稳定的视景仿真解决方案。它是一个真正跨平台的可扩充的软件开发环境，可运行于 Windows，IRIX，Linux，Solaris OE 平台上。它提供了 LynX Prime（LP）配置工具来加速实时仿真程序的创建，大大降低了对用户的要求。另外，VP 提供了标准的 C++接口，所以较 Vega 功能更加强大。VP 作为一个全新的软件平台，是基于 VSG 开发的，VSG 则是从 OpenGL 之上直接开发的。

　　VP 提供的头文件分成两组，分别在 Vega Prime 目录和 VSG 目录中。Vega Prime 目录中的头文件多数以 vp 开头，VSG 目录中的头文件多数以 va，vc，vr，vs，vu 开头。而且 Vega Prime 目录中头文件所定义的类多数是从 VSG 目录中头文件定义的类派生而来的，例如 vpWindow 是从 vsWindow 派生而来的。根据 VSG 所提供的功能，可以将其提供的库分成高性能渲染库、场景库、几何体构建库、节点载入库、图像载入库、纹理载入库、虚拟纹理库、着色器载入库、字体载入库、统计功能库和其他的资源库等。VP 则在 VSG 的基础上提供了简单易用的应用程序编程接口，用户只需要调用几个简单的函数即可创建一个 3D 应用程序。

　　LP 是一个编辑器，用于增加不同种类的模型和为模型定义参数。这些参数都存贮于 ACF 中的一个模型结构内，例如观察者的位置，三维实体模型及它们在场景中的位置、在场景中的移动、光线、环境效果以及目标硬件平台。ACF 包含了 VP 在初始化和运行时所需的信息。尽管 VP 包含了创建一个应用所需的所有应用程序编程接口，但 LP 简化了开发过程，而且 LP 允许开发者无需编写代码即可创建一个应用。

　　目前，视景仿真技术已经在许多领域得到了广泛应用，例如城市规划仿真、大型工程漫游、名胜古迹虚拟旅游、虚拟现实房产推销系统、建筑群火灾事故紧急撤离系统、虚拟现实模拟培训、交互式娱乐仿真等（见图 1-3～图 1-5）。特别是它非常适用于军事领域的作战训练和武器研制方面，例如运用场景模拟技术建立起一个虚拟的、非常逼真的电子战场环境，使攻防双方的作战人员沉浸在由计算机产生的作战环境中。它为武器装备研制、战术演练和训练提供了非常有效、经济的手段和途径，具有十分明显的经济效益，成为军事领域里重要的高科技手段。现在，视景仿真技术在很多领域已经成为仿真系统软件的一个主要组成部分，是虚拟现实技术、分布交互仿真技术的主要内容之一。

图 1 - 3 城市道路仿真（北京知春路）

图 1 - 4 空中场景仿真

图 1 - 5 海洋场景仿真

1.5　小结

　　本章主要介绍了航天任务仿真的背景、意义，以及航天任务仿真的发展现状，并对开展航天任务仿真采用的主要技术进行了简单阐述。本章是本书内容的基础，以便于对后续章节的理解。

　　航天技术是人类科技发展进入新阶段的标志性成果，相应的为了发展航天技术而采取的研究方法也最大程度的借鉴了人类的发展成果。对于航天任务仿真来说，由于其自身的特点，使得对采用包括计算机技术在内的信息科学成果开展相应的研究工作有明显的需求。就目前的技术发展水平来说，仿真技术尚无法满足航天技术的发展需要，特别是在航天任务仿真方面。

参 考 文 献

[1]　中华人民共和国国务院新闻办公室. 《2006 年中国的航天》白皮书，2006.

[2]　中国航天工程咨询中心. 解读《国家中长期科学和技术发展规划纲要（2006—2020 年）》，2006.

[3]　高新宇. 辉煌的五十年，规划绚烂的十一五 [R]. 上海：上海申银万国证券研究所有限公司，2006.

[4]　王永刚，刘玉文. 军事卫星及应用概论 [M]. 北京：国防工业出版社，2003：1-234.

[5]　Office of the Press Secretary. President Bush Announces New Vision for Space Exploration Program [EB/OL]. http：//www. whitehouse. gov/news/releases/2004/01/20040114-1. html.

[6]　卢波，范嵬娜. 欧洲 2005—2015 年空间科学发展规划 [J]. 国际太空，2006，（7）：19-23.

[7]　BERNER S. Japan's space program：a fork in the road？[R]. Santa Monica，CA，USA：RAND Corporation，2005.

[8]　LEE M，WEIDNER R J，LU W. Mission lifecycle modeling and simulation [C] //IEEE Aerospace Conference Proceedings. Big Sky，MT，2000.

[9]　LEE M，WEIDNER R J，LU W. Design-based mission operation [C] //IEEE Aerospace Conference Proceedings. Big Sky，MT，2001.

[10]　LEE M，WEIDNER R J. Virtual mission operation framework [C] //IEEE Aerospace Conference Proceedings. Big Sky，MT，United States：Institute of Electrical and Electronics Engineers Computer Society，Piscataway，NJ 08855-1331，United States，2004.

[11]　LEE M，WEIDNER R J. Virtual mission systems for multi-disciplinary engineering system design [C] //Collection of Technical Papers-AIAA Space 2005 Conference and Exposition. Long Beach，CA，United States：

American Institute of Aeronautics and Astronautics Inc., Reston, VA 20191, United States, 2005.

[12]　刘良栋. 卫星控制系统仿真技术 [M]. 北京：中国宇航出版社，2003：1-68.

[13]　林来兴. 工程仿真技术在航天器控制系统中的应用 [J]. 信息与控制，1985，(03)：38-44.

[14]　林来兴. 卫星研制过程中运用工程仿真提高产品质量 [J]. 航天控制，1984，(04)：59-65.

[15]　SCHWARTZ J L, PECK M A, HALL C D. Historical Review of Air-Bearing Spacecraft Simulators [J]. Journal of Guidance, Control, and Dynamics, 2003, 26 (4)：513-522.

[16]　LEE M, WEIDNER R J, LU W. Mission Lifecycle Modeling and Simulation [C] //Aerospace Conference Proceedings, 2000 IEEE, 2000：379-388.

[17]　OSES N, PIDD M, BROOKS R J. Critical issues in the development of component-based discrete simulation [J]. Simulation Modeling Practice and Theory, 2004, 12：495-514.

[18]　KARATZA H D. Distributed Systems Simulation [J]. Simulation Modeling Practice and Theory, 2006, 14：677-678.

[19]　SCHUM W K, DOOLITTLE C M, BOYARKO G A. Modeling and Simulation of Satellite Subsystems for End-to-End Spacecraft Modeling [J]. Modeling and Simulation for Military Applications, 2006, 6228 (04)：62280401-62280410.

[20]　EL YAMANY H F, CAPRETZ M A M, CAPRETZ L F. A multi-agent framework for testing distributed systems [C] //Proceedings-International Computer Software and Applications Conference. Chicago, IL, United States：Institute of Electrical and Electronics Engineers Computer Society, Piscataway, NJ 08855-1331, United States, 2006.

[21]　OTA J. Multi-agent robot systems as distributed autonomous systems [J]. Advanced Engineering Informatics, 2006, 20 (1)：1-1.

[22]　TATARA E, CINAR A, TEYMOUR F. Control of complex distributed systems with distributed intelligent agents [J]. Journal of Process Control, 2007, 17 (5).

［23］　HUR Y，LEE I. Distributed Simulation of Multi‐Agent Hybrid Systems
　　　　［C］//Proceedings of the Fifth IEEE International Symposium on Object‐
　　　　Oriented Real‐Time Distributed Computing. United states：Institute of
　　　　Electrical and Electronics Engineers，2002.

［24］　李伟，何东之，李润梅．基于 Multi‐Agent 的多车道交通流的分布式
　　　　仿真研究［J］．计算机仿真，2005，22（2）：191‐194.

［25］　张占月，张育林．基于 Agent 的卫星体系作战分析仿真框架研究［J］.
　　　　系统仿真学报，2007，19（7）：1586‐1589.

［26］　孙知信，宫婧，程媛，等．基于移动 Agent 的分布式仿真系统体系结构
　　　　研究［J］．计算机集成制造系统，2006，12（3）：395‐400.

［27］　李昊，戴金海．自主卫星系统基于 Agent 的建模与仿真研究［J］．航天
　　　　控制，2007，25（1）：52‐55.

［28］　庄严，张志祥，孔捷．高层体系结构与多智能体仿真集成研究［J］．计
　　　　算机仿真，2007，24（4）：95‐99.

［29］　Department of Defense. Modeling and Simulation（M&S）Master Plan，
　　　　1995.

［30］　高云，沙基昌，罗雪山．建模仿真主计划及其关键技术［J］．火力与指
　　　　挥控制，2001，26（1）：8‐13.

［31］　DAHMANN J S. High Level Architecture for simulation［C］//Distribu-
　　　　ted Interactive Simulation and Real Time Applications，1997，First In-
　　　　ternational Workshop. Eilat，1997.

［32］　DAHMANN J S，FUJIMOTO R M，WEATHERLY R M. Department of
　　　　Defense High Level Architecture［C］//Winter Simulation Conference Pro-
　　　　ceedings. Atlanta，GA，USA：IEEE，Piscataway，NJ，USA，1997.

［33］　DAHMANN J S. The High Level Architecture and Beyond：Technology
　　　　Challenges［C］//Proceedings of 13th Workshop on Parallel and Distrib-
　　　　uted Simulation，1999.

［34］　BOUWENS C L，ZABEK A A. An Evolution In Advanced Distributed
　　　　Simulation［J］．AIAA paper，1997，AIAA‐97‐3592：139‐146.

［35］　IEEE std 1516‐2000，IEEE Standard for Modeling and Simulation
　　　　（M&S）High Level Architecture（HLA）—Framework and Rules［S］．New
　　　　York：Institute of Electrical and Electronics Engineers，2000.

[36]　　IEEE std 1516. 1 – 2000，IEEE Standard for Modeling and Simulation (M&S) High Level Architecture (HLA) —Federate Interface Specification [S] . New York：Institute of Electrical and Electronics Engineers，2000.

[37]　　IEEE std 1516. 2 – 2000，IEEE Standard for Modeling and Simulation (M&S) High Level Architecture (HLA) —Object Model Template (OMT) Specification [S] . New York：Institute of Electrical and Electronics Engineers，2000.

[38]　　IEEE std 1516. 3 – 2003，IEEE Recommended Practice for High Level Architecture (HLA) Federation Development and Execution Process (FEDEP) [S] . New York：Institute of Electrical and Electronics Engineers，2003.

[39]　　FUJIMOTO R M. Parallel and Distributed Simulation System [M] . New York：JOHN WILEY & SONS, INC. , 2000：1 – 276.

[40]　　FUJIMOTO R M. DISTRIBUTED SIMULATION SYSTEMS [C] // Proceedings of the 2003 Winter Simulation Conference，2003.

第 2 章　航天任务仿真技术

2.1　航天任务仿真的发展

在航天技术发展过程中，为了更好地进行航天技术研究，弥补无法大量组织航天器在轨运行试验的缺陷，人们开发了地面仿真设施。最初的地面仿真设施是为进行航天器飞行控制的设计、验证与实现而建立的，它们多是物理仿真台，形式是转动阻尼较小的气浮台，例如 1959 年美国陆军弹道导弹局研制成功的 3 轴气浮台，斯坦福大学空天机器人实验室（Aerospace Robotics Laboratory，ARL）为进行轨道交会仿真而研制的平面气浮仿真台和 20 世纪 70 年代中期罗克韦尔公司为 NASA 的马歇尔空间飞行中心研制的平面气浮仿真台等。随着技术的发展，航天任务的设计与规划、航天器的飞行控制器和有效载荷等越来越复杂。为了进行任务设计、验证和航天器的在轨操作仿真，又一类仿真系统渐渐在航天技术仿真领域崭露头角，那就是任务仿真。

航天任务仿真是为进行航天器任务规划、航天器设计和航天器有效载荷评估等建立起来的仿真系统。它包括空间环境模型、航天支持系统模型、航天器系统模型和有效载荷模型等，在航天器实际飞行前或航天器操作指令上传前提供仿真支持，模拟航天器的行为，为人们提供一种预先研究的手段。

较早的航天任务仿真系统，受当时计算机性能和软件技术的限制，都是基于硬件集成的，仿真的主要目的在于对任务进行建模，模拟航天器的行为，例如用于阿波罗任务的指挥舱模拟器和用于通信卫星仿真的 COMSAT 仿真器。

随着计算机技术的发展，计算机图形、图像技术和网络技术开始应用在航天任务仿真中。MARC 和 SMSSV 都属于航天任务视景仿真系统，提供航天器在轨运行时的环境模拟，并通过先进计算机图形和图像进行可视化仿真。怀特（White）发表在 1991 年的论文显示，CAE - Link 公司开发了一种航天测控网仿真系统，用于现实系统的操作仿真和人员培训。它提供网络配置、资源调度、跟踪测量数据块、数据质量监控和通信协议等方面的测控网络模型，以逼近真实的物理系统。DEMOS 是用于航天飞机轨道仿真和姿态可视化的分布式仿真系统，确切地说，应该是一种分布式的虚拟场景。

进入 20 世纪 90 年代后期，软件技术的发展为航天任务仿真提供了新的技术途径，使得人们可以用全数字的形式对航天器和航天任务进行建模与仿真。利恰奇（Liceage）以 Matlab 和 Simulink 为基础开发了一种航天器仿真器 SPASIM。该仿真器采用全数字形式组织，对航天器各子系统、有效载荷和地面支持系统都进行了建模，可以执行航天器仿真和航天任务操作仿真。由于系统基于 Matlab 实现，所有的仿真结果都用曲线和图形的形式表达出来，其缺点是没有组织相关的虚拟视景仿真，无法进行直接的视景表达。SCISAT - 1 仿真器是一种用于航天器任务操作和验证的仿真系统，它把任务航天器的实际任务控制单元集成到仿真系统中，提供航天器在实际操作指令上传前的操作仿真、输出仿真场景与提交运行报告等。欧洲空间局开发了一种实时的仿真系统用于航天器发射前的操作仿真，认为数字仿真有利于把任务航天器的控制软件嵌入到仿真系统中进行验证与评估。

计算机网络技术和建模与仿真技术的发展，特别是在虚拟战场方面的应用需求，引起了人们对基于网络的分布式仿真系统的极大兴趣，航天任务仿真系统也向分布式的组织形式发展。乔卡契尔（Jonckheere）在 1999 年的研究成果表明，美国空军研究实验室为进行战役对抗仿真和战场操作仿真，以 SST 为基础组建了数字仿真系统，建立了有效载荷模型，并把航天器的任务操作作为有效载荷效能评估的支持基础。该仿真系统开展有效载荷仿真是为战场仿真提供职能支持的，最终将集成到虚拟战场环境中，为其他方面的仿真提供空间技术上的仿真支持。由于开发该仿真系统的目的是为集成进战役对抗仿真系统，所以它把研究内容局限在雷达卫星和 GPS 导航卫星等与战场相关的航天任务仿真。飞行器仿真工具包将计算机化布尔可靠性分析 (computerized Boolean reliability analysis, CO-BRA) 作为航天器各子系统模块间的信息通信实现手段，提供高频率的信息交互；而与其他方面的仿真组件进行集成时则通过交互仿真协议，如 DIS 和 HLA。

　　目前，航天任务仿真主要集中在虚拟航天任务仿真系统的开发与组建方面，目的是为航天任务设计、规划、验证、操作提供仿真和分析服务。主要在航天器尚未发射升空前对航天器的任务操作进行仿真和对航天器的有效载荷进行性能评估，验证和分析航天器各主要子系统的功能。

2.2　航天任务系统仿真

　　航天任务系统是一个复杂的大系统，其下又分成不同的分系统，它们互相作用，互相协调，共同完成完整的航天任务。通过仿真的方式对每个分系统进行独立研究，已经不能满足当前对航天任务系统更快、更好、更省的研究需求。计算机技术和仿真方法的进步，也使得我们可以通过仿真建模，完成航天任务系统仿真。只有通过运行航天任务系统仿真模型，分析仿真结果，并对航天任务系统的各分系统及更小的子系统进行优化，才能对整个航天任务系统的设计、优化起到重要的支撑和推动作用。而航天任务仿真系统建模的依据仍然是经典仿真理论，这也是航天任务仿真的理论基础。

2.2.1　系统、模型与仿真

　　什么是系统？刘藻珍在《系统仿真》一书中对系统作如下定义：

"系统是由相互联系、相互制约、相互依存的若干组成部分（要素）结合在一起形成的具有特定功能和运行规律的有机整体。……系统中的各组成部分通常被称为子系统或分系统，而系统本身又可以看做是它所在的更大系统的组成部分。"

可见，系统是指一定事物的集合，它们紧密联系，互相作用，在功能上构成一个整体，在运行上具有自己的规律，在表现上具有自己的特点。例如航天器系统，它具有自己的质量、体积和转动惯量等属性，具有自己的轨道运行特性和姿态控制特性，其有效载荷可以完成指定的功能等，这些方面的特性和功能互相依存、互相联系，构成一个完整的整体。

那模型是什么呢？模型是客观存在的事物的某种性能的抽象表达形式，它描述的是系统某一方面的本质和内在的运行规律。理论上讲，任何客观系统都可以就某一方面或某些方面的特性建立起一定形式的模型，例如物理模型或数学模型。

物理模型是与实际系统具有相似的物理性质，可以是按比例缩小了的实物外形，也可以是与实际系统具有相似物理性质的替代实物。

数学模型是用抽象的数学方程描述系统内部物理变量之间的关系而建立起来的模型，通过对物理系统对应的数学模型的研究可以揭示系统的内在运行规律和系统的动态性能。数学模型又可分为静态模型和动态模型，前者是指不以时间推进为转移的规律，后者则表现为随着时间的推进而不断变化的规律。

仿真是一种方法，是通过模型研究对应物理系统规律和特点的方法。仿真通过研究物理系统对应的模型，从而达到研究物理系统规律和特点的目的。

所以，系统、模型与仿真之间具有如下的关系：系统是科学研究的客观对象，模型是系统就某一方面或某些方面的抽象，而仿真则是对模型的实验，最终实现通过仿真研究系统的目的。

能否制造工具是人和地球上其他动物的根本区别，正是由于这一特点，人类社会才不断创造出新的工具，改变人类改造自然的方式，也使得人类的生产活动呈现一种日益加速前进的趋势。随着人类文明的不断进步，人类对复杂世界的认识也日益深入。现代科学技术的发展，使得人类的实践活动大大拓展，实践活动的对象也趋于复杂。人类现代文明的成果更多地表现为一种复杂的大系统，越是科学技术发展的前沿就越表现出这种明显的特征，航天技术就是一个典型的例子。

出于研究过程的可控性、经济性和可预测性等方面的考虑，人们在研究复杂大系统的运行规律时，更愿意使用仿真技术来实现，这就是针对研究系统科学而诞生的系统仿真。

系统仿真是建立在控制理论、相似理论、信息处理技术和计算技术等理论基础之上的，以计算机和其他专用物理效应设备为工具，利用系统模型对真实或假想的系统进行试验，并借助于专家经验知识、统计数据和信息资料对试验结果进行分析研究，进而做出决策的一门综合性的和试验性的学科。

更通俗地讲，系统仿真就是通过运行模型，研究物理系统所具有某一方面或某些方面特性的内在规律和运行特点的方法。

航天任务系统仿真就是按照仿真的研究目的，通过建模与仿真技术，建立起例如航天器、地面测控站、有效载荷等实际物理系统对应的仿真模型，再通过模型的集成与运行，研究物理系统的客观运行规律和航天器管理、航天器轨道/姿态控制等方面的规律，为实际工程设计和建设提供设计参考。

2.2.2　仿真的一般过程和步骤

人类认识世界，总是具有一定的主观性，然后通过不断地改进、完善，最终达到认识客观世界的目的。仿真也是科学实践活动，因此也具有这样的特点。

仿真既然是研究客观物理系统所对应模型的方法，那么完成仿真首先就要完成对物理系统的分析和认识，然后建立起与物理系统对应的仿真模型，通过运行模型，按照人类认识世界的一般规律，不断完善对物理系统的认识，也不断完善仿真系统模型，最后通过研究模型的方式实现对物理系统的研究。

对于简单的一般性仿真，其过程一般包括建模、仿真、结果分析和相应的修正循环。而系统仿真，由于其所研究的目标系统复杂、所建仿真模型涉及面广、仿真系统开发困难等问题，使得系统仿真的建模与仿真过程要求具有比较严格的流程控制。只有详细计划、按步骤开展的仿真过程，才能达到预期的研究目标，减少系统的修正次数，获得满意的仿真结果。

系统仿真一般包括以下过程和步骤（见图 2-1）：首先是定义仿真概念与目标；第二步是按照定义的概念与目标，就物理系统某一方面或某些方面的特性开展物理系统的分析工作；第三步是建立对

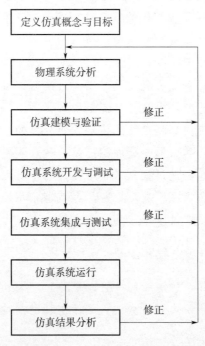

图 2-1　系统仿真的一般步骤

应的仿真模型，包括系统组织模型和表达运行规律的数学模型等；第四步是针对所建的模型，开展仿真系统的开发和调试工作；组件开发完成后，进入第五步，进行仿真系统的集成与测试；测试结果理想的仿真系统，就可以开展第六步，运行仿真系统；第七步分析仿真结果。以上步骤中，三、四、五、七这 4 个步骤的任何一个如果有与概念和目标相抵触的地方，都要返回第二步重新开展修订工作，除非经分析，所定概念与目标不需要修订。

这 7 个步骤的具体内容如下。

1）定义仿真概念与目标。仿真概念与目标的定义，决定了仿真最终要达到的目标和仿真系统的组建形式。只有经过合理设计的仿真概念和目标才能建立起有效的仿真系统，并达到最终的研究目标。要达到良好的平衡，就必须在仿真技术和物理系统研究层次两个方面进行协调。脱离当前仿真技术发展水平的概念无法达到最终的目标；而研究层次的不切实际，将导致系统建设变得复杂，延长仿真系统开发周期。

2）物理系统分析。物理系统分析要运用建模与仿真技术，分析客观物理系统的特点和表达形式，最终决定在对物理系统建模时需要采用的抽象方式和仿真系统组建形式。如果系统模型都是数学模型，则系统集成就可以以纯数字仿真的形式实现；如果系统模型中包括了产品的实物，则系统就是一种半实物仿真形式，其中既包括数字模型，也将包括部分物理效应模型。

3）仿真建模与验证。仿真建模与验证要对分析过的物理系统进行某种抽象，形成便于仿真应用的仿真模型。这些模型可以是物理的模型，也可以是数学的模型，或表达模型和通信模型。在建模过程中，无时无刻不存在着仿真模型的验证问题，只有通过验证的模型，才是仿真系统可以使用的模型。仿真模型的验证一定要从最基础的层次做起，然后随着系统建模的深入，不断提高模型验证的层次。

4）仿真系统开发与调试。仿真模型建立起来以后，就进入系统建设的实施阶段了，仿真系统开发要从最基本的单一方面模型开发起步，边开发边调试。随着计算机技术的发展，仿真越来越集中在计算机仿真方面，多数模型都被实现成仿真程序，或以计算机数字仿真为基础进行集成的半实物仿真。

5）仿真系统集成与测试。仿真系统集成与测试过程中，前期的问题暴露越充分，后期的集成越顺利。所以，如果可以，在关键节点处要多开展系统的集成测试，并通过有效的校核来确定模型和系统的可用性和有效性。

6）仿真系统运行。通过测试的仿真系统就是完成开发的、可用的仿真系统，但仿真的目标和任务并没有实现，只有运行仿真系统并获得有效的仿真数据，才算执行了通过运行模型来研究物理系统的仿真工作。

7）仿真结果分析。仿真结果分析是仿真工作的直接目的，只有拿到了仿真数据，才能实现通过仿真研究物理系统的目标，也就是最终目的。仿真数据是组织仿真活动的直接结果，也是整个仿真活动的产出。一般情况下，仿真的结果应与仿真系统建立过程中的所有文档和仿真运行所使用的条件一起归档，以备查询。

仿真是一个复杂、反复的过程，系统仿真更是如此。只有通过不断地运行仿真系统，分析仿真结果，并修正仿真模型，才能不断地加深对目标物理系统的认识，达到最终的研究目的。

2.3　航天任务系统仿真理论

系统仿真是以相似原理、系统技术、信息技术及其应用领域有关专业技术为基础，以计算机、仿真器和各种专用物理效应设备为工具，利用系统模型对真实的或设想的系统进行动态研究的一门多学科的综合性技术。

系统仿真的理论体系主要包括以下几个方面。

2.3.1　相似理论

客观世界中普遍存在着相似现象，它反映了客观世界某些共同的规律。研究事物之间相似规律的方法即是相似理论，是系统仿真学科的基础理论之一。相似方法有很多种，以下是几种常用的方法。

（1）模式相似方法

模式相似方法包括统计决策方法和句法（或结构方法）。这两类方法都是常用的模式识别方法。

统计决策方法在进行模式分类时，通常只选择对象的某些典型的特征，以使对象的特征空间降维，从而设计出有效的模式分类器。如果对象具有多类别或多特征的特点，那么就需要设计有效的多级判断树形模式分类器。对事物进行模式识别时，只需按一定的操作步骤，经过若干次与参考模式的匹配，即可判别出待识别的类别。

句法（或结构方法）是将事物的模式类比语言的句子，并借用形式语言来描述和表达模式。待分类的模式，只需要根据各模式方法进行句法分析即可判别它的类型，并给出其结构描述。

（2）模糊相似方法

如果说概率统计研究的是一级不确定性问题的话，那么模糊理论研究的则是双重或多级不确定性问题。在对实际系统进行模拟相似的时候，很多情况下确实存在模糊问题，需要借助模糊理论的数学工具才能进行研究分析。应用模糊理论，可以更为精确地研究仿真系统与真实系统的相似程度。

（3）组合相似方法

在对实际系统进行仿真的过程中，即使各个子系统均已经满足各自的性能指标，但将子系统组合在一起成为一个整体后，由于子系统之间的相互影响与干扰，未必能保证系统的整体性能满足要求。因此有必要通过组合相似方法，研究各个子系统组合成为一个新的整体后的性能变化，以便在不同情况下都能满足仿真任务的要求。

（4）坐标变换相似方法

坐标变换相似方法是研究空中运动物体不可缺少的一种方法，经常用在飞行器状态数学模型中，在实视景系统的相似变换中更是经常使用。

2.3.2　建模方法理论

建模方法理论是以各应用领域内的科学理论为基础，研究如何建立符合仿真应用要求的各种模型的理论和方法。按照建模系统的类型分类，建模方法包括人体建模技术、环境建模技术和实体建模技术。其中，人体建模理论与技术主要涉及人体器官组织、外形以及在外界物理刺激下人体的感知和功能、行为建模；环境建模理论与技术主要解决环境方针模型的数学描述和可视化建模等问题（如地形、地貌、海洋、大气、空间、电磁环境等）；实体建模技术涉及工程与非工程领域各类实体的建模理论与技术。

按照建模技术分类，包括机理建模技术、辨识建模技术、混合建模技术、面向对象建模技术、面向组件/服务的建模技术、多视图建模技术、数据可视化建模技术、多分辨率建模技术和多媒体建模技术等。其中，典型的机理建模技术有用微分方程、差分方程、代数方程描述线性/非线性、连续/离散、确定/随机、集中/分布、定常/时变、存储/非存储等连续系统建模技术；面向活动、面向事件、面向进程等离散事件系统建模技术；神经网络、模糊神经网络、智能代理、本体论等智能系统建模技术。典型的辨识建模技术有最小二乘、极大似然、结构变数、模糊辨识等。典型的面向对象建模技术有 UML，HLA/OMT 等。典型的多视图建模技术有 Petri 网、Bond 图、IDEF 等。典型的数据可视化建模技术有标量/矢量/张量、动态数据场/流场、多参数数据场可视化建模技术等。典型的多媒体建模技术有声音、图形/图像建模技术等。

2.3.3　仿真方法理论

仿真方法理论是结合各应用领域的不同需求，研究仿真基本思想和方法的理论。它包括定量仿真理论（连续系统仿真理论、采样系统仿真理论、离散事件仿真理论）和定性仿真理论（模糊仿真理论、归纳推理定量仿真理论、朴素物理学定性仿真理论）；集中式仿真理论和分布式交互仿真理论；硬件在回路仿真（hardware in loop simulation）方法和人在回路仿真（man in loop simulation）方法；面向对象（object‐oriented）仿真方法；智能仿真方法（智能体 A-gent、神经网络）等。

（1）定量仿真理论与定性仿真理论

①定量仿真理论

定量仿真是指仿真系统中的模型均为基于一定机理、算法建立起来的确定性模型，其输入输出参数也是用数值表示的，是定量的。定量仿真几种主要的算法如下。

（a）集中参数系统数字仿真算法

集中参数系统的数学模型通常由一阶常微分方程组表示。根据系统的特征，如线性、非线性、病态、间断右函数等，可以将集中参数系统的仿真算法分为线性系统仿真算法、一般非线性系统仿真算法、病态系统仿真算法、间断右函数问题的仿真算法。常用的算法有数值积分法、离散相似法、置换法、根匹配法、增广矩阵法等。

（b）分布参数系统数字仿真算法

分布参数系统是用偏微分方程描述的。有限差分法是求解偏微分方程的一种主要的计算方法。这类算法的原理简单、通用，且易于在计算机上实现。有限元法从变分原理出发，吸收了差分法的优点，并且能够处理复杂的几何形状。但在分布参数系统的仿真软件中，线上求解法仍是一种广泛使用的仿真算法。

（c）离散事件系统数字仿真算法

离散事件系统的仿真模型通常采用流图或网格图描述，如排队网络模型、Petri 网络模型等。在排队网络仿真建模中，不仅要明确三个基本的构成要素（临时实体的到达模型、永久实体的服务模型及临时实体排队规则），还必须建立系统中各实体、活动及事件之间的逻辑关系。通常有三种仿真建模方法：面向事件的建模方法、面向活动的建模方法和面向进程的建模方法。因此相对应的三种典型仿真策略为事件调度法、活动扫描法和进程交互法。

②定性仿真理论

定性仿真是相对于定量仿真而言的，仿真系统中的模型采用定性描述，在本质上是一种非数值化表示的建模仿真方法。定性仿真理论中，模型及输入/输出信息、行为表示与分析均采用一种模糊的、不确定的、非量化的表示。对定性仿真的研究起源于对复杂系统的仿真研究。因为当实际系统过于复杂以及建模知识不完备，或仅存在符号或自然语言形式的知识时，无法构造系统的精确定量模型。相对于数值仿真而言，定性仿真在处理不完备知识和深层次知识及决策等方面具有独特的优势。定性仿真能处理多种形式的信息，有推理能力和学习能力，能初步模仿人类思维方式，人机界面更符合人的思维习惯，所得结果更易理解。常用的定性仿真方法有模糊仿真法、因果关系推理方法、非因果关系推理方法等。

（a）模糊仿真法

将模糊数学和定性仿真理论结合起来就产生了模糊仿真方法。用模糊数学扩展定性仿真可以详细地描述函数关系，并且能够表示和使用变化速率的时序信息，构造一种有效的时序过滤规则，大量减少奇异行为的产生。这种方法用模糊几何扩展了传统的量空间，从而增强了对函数关系的强度信息和变量变化速率的顺序信息的描述。模糊仿真方法也存在一些缺点，例如很难确定系统真实值与模糊量空间的映射；并且模糊量值及其空间一旦确定后就不再变动，不能根据需要引入新的模糊量，限制了其描述能力。

（b）因果关系推理方法

自从因果理论出现以来，因果推理作为一种对复杂系统进行定性解释的方法，在物理系统、经济系统中的运用逐渐普及。基于因果关系的推理方法无一例外地依赖于有向图定性传递函数方法。虽然在前人不断积累的基础上，已对因果推理方法进行了全面、系统的研究。但是，到目前为止，因果推理法还是主要作为一种分析工具，而不是仿真工具。无论是针对物理系统还是财经系统，因果关系图法都只起到对系统行为进行解释的作用。

（c）非因果关系推理方法

使用非因果关系推理方法的主要原因是，系统建模时，不需要明确指出系统内状态变迁过程的因果方向。其中的一些方法都已经逐步从实验阶段发展到工程实践领域。ENVISION（基于流的概念，以组元为中心的方法）、QSIM（基于定性微分方程，以约束为中心的定性仿真方法）、QPT（以过程为中心的仿真方法）、TCP（实践推理方法）等，都属于这一范畴。

（2）分布式交互仿真方法

分布式交互仿真是当前仿真技术研究的重要领域之一，其深远的工程应用价值，尤其在军事领域的应用价值，已经引起了世界各国的广泛重视。分布式交互仿真是指采用协调一致的结构、标准、协议和数据库，通过局域网或广域网，将分散在各地的仿真设备互联，形成可参与的综合性仿真环境。在分布式交互仿真系统中，各个仿真节点在地理位置上可以是分散的，在功能和计算能力上同样也是分散的，既可联网交互运行，也可独立运行各自的仿真功能，而且不同硬件和操作系统的节点可以并存于同一个环境中。在仿真运行过程中，一方面人可以与虚拟实体、计算机生成的构造实体和实际存在的现实实体进行交互；另一方面，各个实体之间具有交互能力。另外，分布式交互仿真系统必须保证仿真系统中的时间和空间与现实世界中的时间和空间保持一致，这样才能使计算机生成的综合环境具有真实感和较高的可信度。分布式交互仿真系统是一个开放的体系结构，各节点可以任意地、方便地加入或离开系统，这种动态变化并不影响整个系统的正常运行。

（3）硬件在回路仿真方法与人在回路仿真方法

①硬件在回路仿真方法

硬件在回路仿真又称半实物仿真，通常是指在仿真系统中，将系统中的部分实物（例如传感器、控制计算机、伺服计算机、伺服执行机构或指挥通信设备等）和某些物理效应设备（例如转台、负载模拟器等）接入含有仿真模型的仿真系统中。由于系统中接入了实物，所以要求仿真系统必须实时运行。半实物仿真由于系统中接入了某些关键设备实物，因而与实际系统更为接近，具有更高的逼真度，试验结果也具有更高的置信度。同时，半实物仿真还解决了系统存在复杂对象而难以建立准确的数学模型这一问题。因而它对系统各个设备功能的检验也更为直接和有效。

②人在回路仿真方法

人在回路仿真是为操作人员的操作技能训练或指挥、决策能力训练或是用于有人操纵的系统（如飞机、船舶、车辆等）的设计、实验与评估而建立的仿真系统。人是仿真系统中不可缺少的环节，特别要求建立能够生成模拟感知环境的各种物理效应设备，包括可以生成视觉、听觉、触觉、动感、力感等的设备，例如：视景系统、影像系统、运动系统、操纵负荷系统、头盔、数据手套等。由于操作人员及各种物理效应设备都在回路中，因此仿真系统必须实时运行，且计算迭代速率和系统延迟应该满足仿真对象的相应特性、人的生理特性和响应能力的要求。

（4）面向对象仿真方法

面向对象的仿真，为人们研究现实世界提供了一种更为自然的框架，是当前仿真领域的主要研究方向之一。面向对象的观点把系统看做由相互作用的对象组成，它能够以使人易于理解的形式构造现实系统的仿真模型，并能使人在一个具有实际含义的层次上，观察模型的行为，有利于提高仿真软件设计的安全性和可靠性。面向对象仿真技术着眼于组成系统的对象而非系统所完成的全部功能，是不同于传统的自上而下设计技术，而是自下而上的过程，体现了一种并行的思想。此外，面向对象技术将系统分析、设计和编程融为一体，采用一致的对象概念描述，这种分析中的对象与应用代码对象的统一，缩短了应用软件与现实目标的距离，能更直观、合理地描述实体，还原世界的本来面目。

（5）智能仿真方法

①基于 Agent 的智能仿真方法

智能 Agent 具有自主性、智能性以及通信和写作能力，并且，智能仿真 Agent 具有学习、推理、规划、辅助决策等能力。将智能 Agent 与仿真建模技术相结合，可以充分而有效地利用知识的表示方法以及各种学习算法、推理方法等人工智能领域的研究成果。目前，基于 Agent 的复杂系统智能仿真建模方法已经引起国外仿真界的重视，并成为当前的研究热点之一。基于 Agent 的整体建模仿真方法是在复杂适应系统理论指导下，结合自动机网络模型和计算机仿真技术来研究复杂系统的一种有效方法。这种方法利用 Agent 的局部链接规则、函数和局部细节模型，建立复杂系统的整体模型，借助计算机仿真工具，来研究从小规模性质到大规模系统涌现行为的一般方法。

②基于人工神经网络的智能仿真方法

人工神经网络（artificial neural network，ANN）是 20 世纪 80 年代以来人工智能领域中兴起的研究热点。它是模拟生物的神经结构系统而建立的非线性动力学系统。与传统的计算方法相比，它不需要建立数学模型，经过学习能够建立样本隐含的复杂关系，具有很强的适应性和容错性，具有分布并行式的存储方式，非编程、自组织、自适应处理数据。因此神经网络特别适用于用常规计算方法难以表达的信息处理过程。目前，神经网络逐渐被人们所认识，得到了越来越广泛的应用，已渗透到模式识别、图像处理、非线性优化、语音处理、自然语言理解、自动目标识别、机器人、专家系统、预测、分析、分类与鉴定、优化、控制等各个领域。尤其在模式识别、信号处理、知识工程、专家系统、优化组合、机器人控制等方面，已经有很多成功应用的例子。

2.3.4　支撑系统技术

支撑系统技术涉及系统总体技术、建模/仿真试验/评估工具引擎技术、VR/可视化技术、集成平台/框架技术、网络/通信技术、数据库/模型库/知识库/内容管理技术、中间件/平台技术、仿真计算机技术等。

1）总体技术，涉及规范化体系结构和采用的标准、规范与协议，系统集成技术和集成方法（典型集成技术包括基于 HLA 标准的全生命周期建模/仿真工具的互操作与集成技术等）以及系统运行模式等。

2）仿真引擎技术，涉及支持复杂仿真工程全生命周期各类活动、面向问题的建模/仿真实验/评估算法、程序、语言、环境及工具集。

3）VR/可视化环境技术，包括计算机图形生成技术与现实技术、多媒体技术、VR 技术、人机交互技术等。

4）典型的集成平台/框架技术，包括基于 HLA 的协同仿真平台技术，综合仿真环境技术、基于 Web Services/Grid 服务的建模/仿真支撑环境等，均是当前研究的热点。

5）中间件技术，包括 CORBA/COM/DCOM/RTI/XML 技术，以及下一代网格中间件技术等。

6）模型库/知识库技术。在分布式仿真支撑平台及应用中涉及各种数据库技术，如关系/面向对象等数据库技术，分布式数据库、实时数据库、并行数据库、多媒体数据库以及数据/知识的挖掘技术，数据/知识仓库技术，实时分布模型库技术等。

2.3.5　应用理论

应用理论是指论述仿真运行试验设计、仿真管理、仿真过程的可视化、仿真及其结果综合分析的理论。包括自然科学与工程仿真应用、社会科学仿真应用、管理科学仿真应用、生命科学仿真应用、军事领域中仿真应用等。

1）共性应用技术，涉及系统的 VV&A 技术、仿真运行试验技术、仿真结果的评估技术等。

2）应用领域有关的专用仿真应用技术，涉及科学与工程、社会科学、管理科学、生命科学及军事等领域有关专用仿真应用技术。例如，科学与工程领域中的制造领域仿真应用技术涉及产品研制各阶段有关的仿真技术，包括虚拟产品及其在虚拟环境中功能、性能、外观的仿真技术；对其成本、加工、制造过程，直至使用、报废的仿真分析技术；企业层次的企业建模（包括结构、资源、过程、供应链等），战略决策分析，市场评估分析，风险效益评估，质量成本分析等仿真技术。

2.4　系统仿真分类

对系统仿真的分类方式有多种，这里只列举最为常见的几种。

2.4.1　根据仿真对象的特征分类

1）连续系统仿真。连续系统是指系统状态随时间连续变化的系统，包括集中参数系统、分布参数系统和时间离散系统，分别可用微分方程/传递函数/状态方程、偏微分方程、差分方程来描述。

2）离散事件系统仿真。离散事件系统是指系统状态只在某些时间点上，由于某种随机事件的发生而产生变化的系统，通常用概率分布或排队论等来描述。

2.4.2　根据仿真时间和自然时间的比例关系分类

仿真时间和自然时间的比是指自然时间经历 1 个单位时间长度，仿真时间所经历的时间长度，它反映了仿真运行速度和实际系统运行速度的快慢关系。

1）实时仿真。仿真时间与自然时间保持 1∶1 的关系，即仿真时间与自然时间同步。

2）欠实时仿真。仿真时间比自然时间慢。

3）超实时仿真。仿真时间比自然时间快。

2.4.3　根据仿真系统的结构和实现手段分类

1）物理仿真。按照仿真对象的物理特性来构建物理模型，对物理模型进行仿真试验的过程称为物理仿真。物理仿真直观、形象，与实际系统较为逼近，但模型不易改变，试验投资大。其精度取决于试验平台的性能。

2）数学仿真。把实际系统抽象为数学模型，对数学模型进行仿真试验的过程称为数学仿真。数学仿真的特点是重复性好，使用简便，通常只需要一台计算机即可。数学仿真的精度依赖于仿真计算机的计算精度和数学模型的精确性。

3）半实物仿真。半实物仿真又称硬件在回路仿真，通常是将数学模型与物理模型甚至是实物联系在一起，组成回路进行仿真试验。对系统中比较简单的或者对其规律比较清楚的部分建立数学模型，而对比较复杂的或者对其规律不十分清楚的部分建立物理模型或直接使用实物。半实物仿真解决了系统存在复杂模型时难以进行精确数学建模这一问题，比数学仿真具有更好的逼真度，同时又比物理仿真具有更强的可操作性，因而在各个领域中得到广泛的应用。

4）人在回路仿真。人在回路仿真是操作人员在系统回路中进行仿真试验的过程。它是为了训练操作人员的操作技能、指挥人员的指挥决策能力或是用于有人操作的系统的设计、试验、评估而建立的仿真系统。人在回路仿真要求由各种物理效应设备模拟生成人的感觉环境，包括视觉、听觉、动感、触觉等。

5）软件在回路仿真。又称为嵌入式仿真，这里的软件是指实物上的专用软件，例如导航系统软件、飞行器控制系统软件等。随着实际系统数字化、智能化的程度越来越高，越来越依赖设备中的各种专用软件。因此将专用软件连入测试系统回路中，来测试其性能显得非常重要。

2.5　系统仿真技术在航天领域的应用

军事航天领域是系统建模与仿真的一个重要领域，系统建模与仿真的应用对航天的发展有重要作用，具体表现在：提供航天装备体系概念设计和模拟运行的有效手段，减少航天装备论证、设计、建造、测试和运行过程的风险与费用；在体系对抗模拟条件下进行航天装备体系的作战效能评估；是陆、海、空、天、电（磁）一体化联合作战演习训练的有效手段；是空间力量建设与空间作战理论研究的实践环境。早期的航天装备系统仿真大多以设计分析和试验验证为主，现代仿真技术的应用已扩展到航天型号系统全寿命周期的各个阶段，包括制定装备发展规划、确定战术技术指标、可行性论证、方案论证、方案设计、样机制造、飞行试验、技术鉴定和定型/训练/使用以及更新换代等。系统仿真技术在航天领域的应用主要有以下几个方面。

（1）航天系统设计分析

利用系统仿真技术，可以对航天任务进行全过程的仿真，实现多种功能，已逐渐成为任务设计与分析的主要手段和工具。可实现包括支持飞行器动力学/传感器/执行器/飞行软件的仿真、航天系统的工程研制/测试/评价、构建虚拟仿真环境、实时仿真与军事演习等广泛的建模与仿真任务。所采用的仿真软件主要有 STK，SPASIM（spacecraft simulation），VirtualSat Pro 等。

（2）航天装备需求分析与评价

需求分析是制定武器装备体系规划的基本依据之一。对航天装备的合理需求必须建立在对政治、经济、军事、科技等方面正确预测的基础之上。通过系统仿真技术，可以同时表达系统的活动和数据流以及它们之间的关系，能使人们全面描述系统，并观察到系统中进程的同步、并发及资源争用；还可进行航天器任务效能评估以及航天器费用估算等。

（3）基于仿真的采办

基于仿真的采办（simulation based acquisition，SBA）是由美国国防部于 1997 年提出的一种新的武器系统采办思想。提倡在武器装备的全生命周期中应用系统仿真技术，注重分布、交互、并发、协同、标准化等要素和特点，强调资源共享和可重用性，以减少航天装备的采办风险，缩短采办周期，确保采办质量。

（4）航天试验模拟训练

由于航天器产品和航天试验设备造价昂贵，且实时性强，不可能用真实的航天器和试验设备来培训航天试验指挥、操作和总体分析等各类试验人员，而仿真技术具有安全、经济、可控、允许多次重复的优点，因此被广泛应用于航天试验训练中。通过数字仿真和半实物仿真，可以建立各种类型的航天试验专业模拟训练系统和综合模拟训练系统，甚至是模拟的试验系统。

（5）空间作战实验

空间作战实验是运用一定的工具和手段模拟空间作战进程和环境，通过人为控制和改变作战条件，观察到更充分暴露的现象，从而更深入认识空间作战规律和指导规律的研究活动。空间作战实验以各军兵种和多种武器联合作战的体系对抗为背景，通过空间作战模拟系统，开展空间力量对抗仿真，在虚拟的陆、海、空、天、电（磁）五维战场环境中推演空间作战进程，为空间力量建设及空间作战理论研究、航天装备作战需求和作战效能分析、军事航天指挥人才培训提供环境。目前，美国已经建立空间作战试验室，并在实验理论、实验技术、实验组织实施和实验结果分析、认证等方面形成了一套较为完善的体系。

2.6　小结

本章主要介绍了航天任务仿真的基础理论和主要方法，这些理论和方法是建模与仿真的基础。仿真就是一个建模与运行模型的过程，在这个过程中包含了太多的人类认知的主观因素，所以需要有一定的理论、方法和一般过程对仿真的过程进行一定程度的规范，以尽量避免人类主观认知带来的模型不准确性，所谓"不以规矩，不成方圆"。

参 考 文 献

[1]   刘藻珍，魏华梁.系统仿真 [M].北京：北京理工大学出版社，1998.

[2]   肖田元，范文慧.系统仿真导论 [M].北京：清华大学出版社，2010.

[3]   康凤举，杨惠珍，高立娥.现代仿真技术与应用 [M].北京：国防工业
       出版社，2006.

[4]   彭晓源.系统仿真技术 [M].北京：北京航空航天大学出版社，2006.

[5]   刘瑞叶，任洪林，李志民.计算机仿真技术基础 [M].北京：电子工业
       出版社，2011.

[6]   耿艳栋.军事航天系统工程 [M].北京：国防工业出版社，2007.

[7]   邵晨曦，白方周.定性仿真技术及应用 [J].系统仿真学报，2004，16
       (2)：202 - 209.

[8]   胡斌，肖人彬.复杂系统的定性仿真 [J].系统仿真技术，2006，2
       (1)：1 - 11.

[9]   赵怀慈，黄莎白.基于 Agent 的复杂系统智能仿真建模方法的研究 [J].
       系统仿真学报，2003，15 (7)：910 - 913.

[10]   邓宏钟，谭跃进，迟妍.一种复杂系统研究方法——基于多智能体的整
       体建模仿真方法 [J].系统工程，2000，18 (4)：73 - 78.

[11]   金星姬，贾炜玮.人工神经网络研究概述 [J].林业科技情报，2008，
       40 (1)：65 - 71.

第3章　航天任务仿真的动力学与数学基础

在进行航天任务仿真时，仿真数据是基于特定的航天任务数学模型的，所以在进行航天任务仿真时，必须根据需要选择并建立所需的数学模型。本章简要介绍航天任务仿真中常用的动力学和数学基础知识。

3.1　常用坐标系

在描述航天器的轨道运动和姿态运动时，需要使用多种参考坐标系，本节将给出本章用到的参考坐标系的定义。

3.1.1　地心赤道惯性坐标系

地心赤道惯性坐标系（geocentric equatorial inertial frame）$Ox_iy_iz_i$（标记为 S_i），如图 3-1 所示，该坐标系主要用于描述航天器绕地球的轨道运动。地心赤道惯性坐标系的定义建立在这样一个假设之上：地球是一个质量均匀分布的球体，这样，地球的质心就位于地球的几何中心，这个点也就是航天器在地球轨道上的运动轨道的焦点。图 3-1 中，坐标系 $Ox_iy_iz_i$ 的坐标原点 O 位于地球中心；

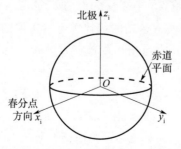

图 3-1　地心赤道惯性坐标系

x_i 轴位于赤道平面内，并沿着地球赤道平面和黄道面的交线指向春分点（春分点即是地球赤道平面与黄道面的交线上无穷远的点）；z_i 轴垂直于地球赤道平面，指向北极；y_i 轴在赤道平面内。在实际使用过程中，地心赤道坐标系常常看做是惯性坐标系。

3.1.2 地心赤道旋转坐标系

地心赤道旋转坐标系（geocentric equatorial rotating frame）$Ox_e y_e z_e$（标记为 S_e）固联在地球上随地球一起转动。如图 3-2 所示，坐标原点 O 在地球中心；z_e 轴垂直于地球赤道平面，指向北极；x_e 轴位于赤道平面内，沿着赤道平面与格林尼治（Greenwich）子午面的相交线，指向经度为 0 的方向；y_e 轴也在赤道平面内。

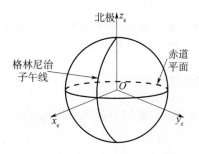

图 3-2 地心赤道旋转坐标系

3.1.3 航天器轨道坐标系

航天器轨道坐标系（spacecraft local orbital frame）$Ox_o y_o z_o$（标记为 S_o）在航天器轨道运动的描述中有着重要的作用，不同的文献对其有不同的定义。本章给出的航天器轨道坐标系为航天器质心轨道坐标系，又被称为第二轨道坐标系，如图 3-3 所示。轨道坐标系 S_o 的原点 O 位于航天器的质心；x_o 轴和 z_o 轴位于航天器轨道平面内，x_o 轴沿轨道周向，指向航天器运动方向，z_o 轴指向地心；y_o 轴垂直于轨道平面，指向轨道平面负法线方向。

在航天器交会运动的描述中，常常称航天器轨道坐标系的 x_o 轴为 V - bar，y_o 轴为 H - bar，z_o 轴为 R - bar。在描述两个航天器的相对运动时，常用到被动航天器的轨道坐标系，著名的 C - W（Clohessy - Wiltshire）方程就是采用被动航天器的轨道坐标系来描述航天器的相对运动的。因此，被动航天器轨道坐标系又称为 Hill 坐标系。此外，航天器轨道坐标系还可称为"当地垂线/当地地平线"坐标系 [local - vertical/local - horizontal（LVLH）frame]。

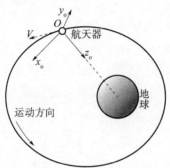

图 3 - 3　航天器轨道坐标系

3.1.4　航天器本体坐标系

航天器本体坐标系（spacecraft body - fixed frame）$Ox_b y_b z_b$（标记为 S_b），与航天器本体固定相连，见图 3 - 4。原点 O 位于航天器质心，x_b 轴沿航天器结构纵轴，指向前；y_b 轴垂直于纵对称面，

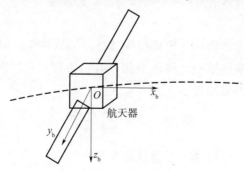

图 3 - 4　航天器本体坐标系

指向右；z_b 轴在纵对称面内，垂直于纵轴，指向下。

3.2　航天器动力学基础

3.2.1　轨道动力学

3.2.1.1　n 体问题动力学基本方程

对于由 n 个物体 m_1，m_2，m_3，…，m_n 构成的系统，假设该 n 个物体为均质的圆球体。不失一般性，存在某个合适的惯性坐标系 N，在该坐标系内，n 个物体的位置矢量分别为 $\boldsymbol{r}_1$，$\boldsymbol{r}_2$，…，$\boldsymbol{r}_n$，见图 3-5。

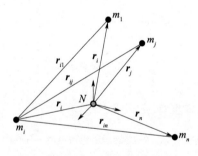

图 3-5　n 体系统

设第 j 个物体指向第 i 个物体的位移矢量为

$$\boldsymbol{r}_{ji} = \boldsymbol{r}_i - \boldsymbol{r}_j \tag{3-1}$$

由于上述 n 个物体为均质的圆球体，所以在考虑引力时可把它们看做相互吸引的质点。根据牛顿万有引力定律，作用在第 i 个物体上的引力的矢量和为

$$\boldsymbol{F}_g = -Gm_i \sum_{\substack{j=1 \\ j \neq i}}^{n} \frac{m_j \boldsymbol{r}_{ji}}{r_{ji}^3} \tag{3-2}$$

式中，G 为万有引力常数，其具体值为 $G = 6.674 \times 10^{-11}\ \mathrm{N \cdot m^2/kg^2}$。

设作用在第 i 个物体上的包括阻力、推力、太阳辐射压力等摄动力的其他外力矢量和为 $\boldsymbol{F}_e$，作用在第 i 个物体上的合力 $\boldsymbol{F}$ 为

$$\boldsymbol{F} = \boldsymbol{F}_g + \boldsymbol{F}_e \qquad (3-3)$$

由牛顿第二定律，有

$$\boldsymbol{F} = \frac{\mathrm{d}(m_i \dot{\boldsymbol{r}}_i)}{\mathrm{d}t} \qquad (3-4)$$

其中

$$\dot{\boldsymbol{r}}_i = \frac{\mathrm{d}\boldsymbol{r}_i}{\mathrm{d}t} \qquad (3-5)$$

得到

$$\boldsymbol{F} = \frac{\mathrm{d}m_i}{\mathrm{d}t}\frac{\mathrm{d}\boldsymbol{r}_i}{\mathrm{d}t} + m_i \frac{\mathrm{d}^2 \boldsymbol{r}_i}{\mathrm{d}t^2} \qquad (3-6)$$

假定第 i 个物体的质量保持不变，即 $\dfrac{\mathrm{d}m_i}{\mathrm{d}t}=0$，且不存在引力之外的其他摄动力。根据式（3-6），可得 n 体问题中第 i 个物体的动力学基本方程

$$\frac{\mathrm{d}^2 \boldsymbol{r}_i}{\mathrm{d}t^2} = -G\sum_{\substack{j=1 \\ j \neq i}}^{n}\frac{m_j \boldsymbol{r}_{ji}}{r_{ji}^3} \qquad (3-7)$$

3.2.1.2　二体问题动力学基本方程

二体问题是天体力学和航天器轨道动力学的基本问题。如图 3-6 所示，设质量较大的物体（例如地球）为 M，质量较小的物体（例如月球或航天器）为 m。

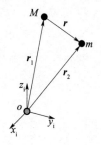

图 3-6　二体系统

根据万有引力定律可得它们之间的相互作用力大小为

$$F = -\frac{GMm}{|\boldsymbol{r}|^2} \tag{3-8}$$

式中，$\boldsymbol{r}$ 为从物体 M 指向物体 m 的位置矢量，$\boldsymbol{r} = \boldsymbol{r}_2 - \boldsymbol{r}_1$。

在惯性坐标系 S_i 中，令物体 M 的位置矢量为 $\boldsymbol{r}_1$，则可以得到地球运动方程为

$$M\frac{\mathrm{d}^2\boldsymbol{r}_1}{\mathrm{d}t^2} = \frac{GMm}{|\boldsymbol{r}|^3}\boldsymbol{r} \tag{3-9}$$

同理，假设物体 m 的位置矢量为 $\boldsymbol{r}_2$，则可以得到

$$m\frac{\mathrm{d}^2\boldsymbol{r}_2}{\mathrm{d}t^2} = -\frac{GMm}{|\boldsymbol{r}'|^3}\boldsymbol{r} \tag{3-10}$$

式（3-10）与式（3-9）相减可以得到

$$\frac{\mathrm{d}^2\boldsymbol{r}}{\mathrm{d}t^2} = -\frac{G(M+m)}{|\boldsymbol{r}|^3}\boldsymbol{r} \tag{3-11}$$

式（3-11）即为二体问题的动力学基本方程。

若 $m \ll M$，则 $G(M+m) \approx GM$，并定义引力常数 $\mu = GM = 3.986\,005 \times 10^{14}\ \mathrm{m}^3/\mathrm{s}^2$，则有

$$\frac{\mathrm{d}^2\boldsymbol{r}}{\mathrm{d}t^2} + \mu \cdot \frac{\boldsymbol{r}}{|\boldsymbol{r}|^3} = 0 \tag{3-12}$$

式（3-12）就是限制性二体的动力学基本方程。对于航天器绕地球的运动而言，可采用限制性二体问题的动力学方程，由式（3-12）所决定的航天器运动轨道被称为开普勒（Kepler）轨道。

3.2.1.3　比机械能守恒和比角动量守恒

在中心引力场中运动的航天器的轨道具有某些常量，下面推导并解释比较常用的比机械能常量和比角动量常量。

令 $\dfrac{\mathrm{d}\boldsymbol{r}}{\mathrm{d}t} = \boldsymbol{v}$，则由式（3-12）可得

$$\frac{\mathrm{d}\boldsymbol{r}}{\mathrm{d}t} \cdot \frac{\mathrm{d}^2\boldsymbol{r}}{\mathrm{d}t^2} + \frac{\mu}{r^3}\left(\frac{\mathrm{d}\boldsymbol{r}}{\mathrm{d}t} \cdot \boldsymbol{r}\right) = 0 \tag{3-13}$$

即

$$\boldsymbol{v} \cdot \frac{\mathrm{d}\boldsymbol{v}}{\mathrm{d}t} + \frac{\mu}{r^3}\left(\frac{\mathrm{d}\boldsymbol{r}}{\mathrm{d}t} \cdot \boldsymbol{r}\right) = 0 \tag{3-14}$$

从而有

$$\frac{\mathrm{d}}{\mathrm{d}t}\left(\frac{1}{2}v^2\right) - \frac{\mathrm{d}}{\mathrm{d}t}\left(\frac{\mu}{r}\right) = 0 \tag{3-15}$$

对式（3-15）进行等价变换，得

$$\frac{\mathrm{d}}{\mathrm{d}t}\left(\frac{1}{2}v^2 - \frac{\mu}{r}\right) = 0 \tag{3-16}$$

即

$$\varepsilon = \frac{v^2}{2} - \frac{\mu}{r} = \mathrm{const} \tag{3-17}$$

式中，ε 是航天器单位质量所具有的能量，称为比机械能。由式（3-17）知，比机械能为常值。

另外，由式（3-12）还可以得到

$$\boldsymbol{r} \times \frac{\mathrm{d}^2\boldsymbol{r}}{\mathrm{d}t^2} = -\frac{\mu}{r^3}(\boldsymbol{r} \times \boldsymbol{r}) \tag{3-18}$$

由于上式右端为 0，所以有

$$\boldsymbol{r} \times \frac{\mathrm{d}^2\boldsymbol{r}}{\mathrm{d}t^2} = 0 \tag{3-19}$$

因为

$$\frac{\mathrm{d}}{\mathrm{d}t}\left(\boldsymbol{r} \times \frac{\mathrm{d}\boldsymbol{r}}{\mathrm{d}t}\right) = \frac{\mathrm{d}\boldsymbol{r}}{\mathrm{d}t} \times \frac{\mathrm{d}\boldsymbol{r}}{\mathrm{d}t} + \boldsymbol{r} \times \frac{\mathrm{d}^2\boldsymbol{r}}{\mathrm{d}t^2} \tag{3-20}$$

故存在微分恒等式

$$\frac{\mathrm{d}}{\mathrm{d}t}\left(\boldsymbol{r} \times \frac{\mathrm{d}\boldsymbol{r}}{\mathrm{d}t}\right) = 0 \tag{3-21}$$

或者

$$\frac{\mathrm{d}}{\mathrm{d}t}(\boldsymbol{r} \times \boldsymbol{v}) = 0 \tag{3-22}$$

令 $\boldsymbol{h} = \boldsymbol{r} \times \boldsymbol{v}$，则 $\boldsymbol{h}$ 为一恒矢量，称为比角动量。

3.2.1.4　轨道方程

对式（3-12）两边叉乘 $\boldsymbol{h}$，有

$$\frac{\mathrm{d}^2\boldsymbol{r}}{\mathrm{d}t^2} \times \boldsymbol{h} = \frac{\mu}{r^3}(\boldsymbol{h} \times \boldsymbol{r}) \tag{3-23}$$

注意到

$$\frac{\mathrm{d}}{\mathrm{d}t}\left(\frac{\mathrm{d}\boldsymbol{r}}{\mathrm{d}t}\times\boldsymbol{h}\right)=\frac{\mathrm{d}^2\boldsymbol{r}}{\mathrm{d}t^2}\times\boldsymbol{h} \qquad (3-24)$$

且

$$\frac{\mu(\boldsymbol{h}\times\boldsymbol{r})}{r^3}=\frac{\mu(\boldsymbol{r}\times\boldsymbol{v})\times\boldsymbol{r}}{r^3}$$

$$=\frac{\mu[\boldsymbol{v}\cdot(\boldsymbol{r}\cdot\boldsymbol{r})-\boldsymbol{r}\cdot(\boldsymbol{r}\cdot\boldsymbol{v})]}{r^3} \qquad (3-25)$$

$$=\frac{\mu\boldsymbol{v}}{r}-\frac{\mu}{r^3}(\boldsymbol{r}\cdot\boldsymbol{v})\boldsymbol{r}$$

$$\mu\cdot\frac{\mathrm{d}}{\mathrm{d}t}\left(\frac{\boldsymbol{r}}{r}\right)=\mu\cdot\frac{\boldsymbol{v}}{r}-(\boldsymbol{r}\cdot\boldsymbol{v})\boldsymbol{r} \qquad (3-26)$$

于是有

$$\frac{\mathrm{d}}{\mathrm{d}t}\left(\frac{\mathrm{d}\boldsymbol{r}}{\mathrm{d}t}\times\boldsymbol{h}\right)=\mu\cdot\frac{\mathrm{d}}{\mathrm{d}t}\left(\frac{\boldsymbol{r}}{r}\right) \qquad (3-27)$$

对式（3-27）进行积分，可得

$$\frac{\mathrm{d}\boldsymbol{r}}{\mathrm{d}t}\times\boldsymbol{h}=\mu\frac{\boldsymbol{r}}{r}+\boldsymbol{L} \qquad (3-28)$$

式中，$\boldsymbol{L}$ 为积分常矢量，在轨道动力学中称为拉普拉斯（Laplace）常量。

式（3-28）两边用 $\boldsymbol{r}$ 点乘，得

$$\boldsymbol{r}\cdot\left(\frac{\mathrm{d}\boldsymbol{r}}{\mathrm{d}t}\times\boldsymbol{h}\right)=\mu\frac{\boldsymbol{r}\cdot\boldsymbol{r}}{r}+\boldsymbol{L}\cdot\boldsymbol{r} \qquad (3-29)$$

即

$$h^2=\mu r+rL\cos\theta \qquad (3-30)$$

$$r=\frac{h^2/\mu}{1+(L/\mu)\cdot\cos\theta} \qquad (3-31)$$

式中，θ 为矢量 $\boldsymbol{r}$ 和 $\boldsymbol{L}$ 之间的夹角，称为真近点角。式（3-31）即是要求得的二体问题方程的解析表达式。

令 $p=h^2/\mu$，$e=L/\mu$，则式（3-31）可变换为

$$r=\frac{p}{1+e\cos\theta} \qquad (3-32)$$

式 (3-32) 为极坐标系中的圆锥截线方程。曲线的类型取决于偏心率 e：$e=0$ 时，曲线为圆；$0<e<1$ 时，曲线为椭圆；$e=1$ 时，曲线为抛物线；$e>1$ 时，曲线为双曲线。

3.2.1.5　椭圆轨道特性

由于本章中只涉及绕地球转动的卫星运动，在此只考虑和分析椭圆轨道的轨道计算问题。椭圆轨道的方程为式 (3-32)，形状如图 3-7 所示。图 3-7 中，θ 为真近点角，即卫星所在位置与近拱点的角距（按运动方向量度）。

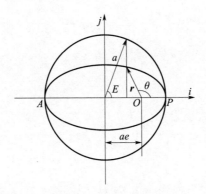

图 3-7　椭圆轨道参数

在轨道方程中，当 $\theta=0°$ 时，得到离地心 O 最近的点，称为近地点，用 P 表示。离地心最近的距离为

$$r_P = \frac{p}{1+e} \tag{3-33}$$

当 $\theta=180°$ 时，得到离地心 O 最远的点，称为远地点，用 A 表示。离地心最远的距离为

$$r_A = \frac{p}{1-e} \tag{3-34}$$

椭圆轨道的长半轴为

$$a = \frac{1}{2}(r_P + r_A) \tag{3-35}$$

所以有 $a = \dfrac{p}{1-e^2}$，于是有

$$p = a(1-e^2)$$

所以有 $r_P = a(1-e)$，$r_A = a(1+e)$，又因为 $p = h^2/\mu$，以及 $h = r_A v_A = r_P v_P$，推导出在近地点和远地点的速度表达式

$$v_P = \sqrt{\frac{\mu(1+e)}{a(1-e)}} \qquad (3-36)$$

$$v_A = \sqrt{\frac{\mu(1-e)}{a(1+e)}} \qquad (3-37)$$

由式（3-17）知 $\dfrac{1}{2}v^2 - \dfrac{\mu}{r} = \text{const} = \dfrac{1}{2}v_A^2 - \dfrac{\mu}{r_A}$，将式（3-34）和式（3-37）代入有

$$\frac{1}{2}v^2 - \frac{\mu}{r} = -\frac{\mu}{2a} \qquad (3-38)$$

所以，速度大小为

$$v = \sqrt{2\mu\left(\frac{1}{r} - \frac{1}{2a}\right)} = \sqrt{\frac{\mu(1+e^2+2e\cos\theta)}{a(1-e^2)}} \qquad (3-39)$$

速度 v 可以分解为相互正交的径向分量 $v_r = \dfrac{\mathrm{d}r}{\mathrm{d}t}$ 和横向分量 $v_u = r\dfrac{\mathrm{d}\theta}{\mathrm{d}t}$，见图 3-8。速度倾角 γ 为轨道切线与当地水平面之间的角度。

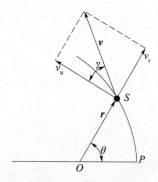

图 3-8　速度的分量

由 h 的定义得出

$$h = rv\cos\gamma = rv_u$$

所以 $v_u = \dfrac{h}{r} = r\dfrac{\mathrm{d}\theta}{\mathrm{d}t}$，把 $h = \sqrt{p\mu}$ 和式（3-32）代入上式，得

$$v_u = r\frac{\mathrm{d}\theta}{\mathrm{d}t} = (1 + e\cos\theta)\sqrt{\frac{\mu}{p}} \tag{3-40}$$

$$\frac{\mathrm{d}\theta}{\mathrm{d}t} = (1 + e\cos\theta)^2\sqrt{\frac{\mu}{p^3}} \tag{3-41}$$

速度的径向分量为

$$v_r = \frac{\mathrm{d}r}{\mathrm{d}t} = \frac{\mathrm{d}r}{\mathrm{d}\theta}\frac{\mathrm{d}\theta}{\mathrm{d}t} \tag{3-42}$$

由式（3-32）得

$$\frac{\mathrm{d}r}{\mathrm{d}\theta} = \frac{pe\sin\theta}{(1 + e\cos\theta)^2} \tag{3-43}$$

将式（3-41）和式（3-43）代入式（3-42）得

$$v_r = \frac{\mathrm{d}r}{\mathrm{d}t} = \frac{\mathrm{d}r}{\mathrm{d}\theta}\frac{\mathrm{d}\theta}{\mathrm{d}t} = \sqrt{\frac{\mu}{p}}e\sin\theta \tag{3-44}$$

因为 $\sin\gamma = \dfrac{v_r}{v}$，可以求出 $\sin\gamma = \dfrac{e\sin\theta}{\sqrt{1 + e^2 + 2e\cos\theta}}$，从而速度倾角为

$$\gamma = \arcsin\left(\frac{e\sin\theta}{\sqrt{1 + e^2 + 2e\cos\theta}}\right) \tag{3-45}$$

定义 E 为偏近点角，有

$$\cos E = \frac{ae + r \cdot \cos\theta}{a} \tag{3-46}$$

$$e \cdot \cos\theta = \frac{p}{r} - 1 \tag{3-47}$$

$$p = a(1 - e^2) \tag{3-48}$$

$$r \cdot \cos\theta = a \cdot \cos E - ae \tag{3-49}$$

由椭圆的性质可得

$$r = a \cdot (1 - e \cdot \cos E) \tag{3-50}$$

$$r \cdot \sin \theta = a \cdot \sqrt{1 - e^2} \cdot \sin E \qquad (3 - 51)$$

对式（3 - 50）两边求导，可得

$$\frac{\mathrm{d}r}{\mathrm{d}t} = ae \sin E \frac{\mathrm{d}E}{\mathrm{d}t} \qquad (3 - 52)$$

对式（3 - 32）两边求导，整理得到

$$\frac{\mathrm{d}r}{\mathrm{d}t} = \frac{h \cdot e \cdot \sin \theta}{p} \qquad (3 - 53)$$

由式（3 - 52）和式（3 - 53）得

$$(1 - e \cdot \cos E) \frac{\mathrm{d}E}{\mathrm{d}t} = \sqrt{\frac{\mu}{a^3}} \qquad (3 - 54)$$

对式（3 - 54）进行积分，有

$$E - e \cdot \sin E = \sqrt{\frac{\mu}{a^3}}(t - t_P) \qquad (3 - 55)$$

式（3 - 55）就是著名的开普勒方程。

定义航天器的平均角速度 $n = \sqrt{\dfrac{\mu}{a^3}}$，平均近点角 $M = n \cdot (t - t_P)$。则式（3 - 55）可表示为

$$E - e \sin E = M \qquad (3 - 56)$$

从图 3 - 7 可知，$\dfrac{\theta}{2}$ 与 $\dfrac{E}{2}$ 总是在同一象限内。通过式（3 - 49）和式（3 - 51）还可推出

$$\tan \frac{\theta}{2} = \sqrt{\frac{1 + e}{1 - e}} \cdot \tan \frac{E}{2} \qquad (3 - 57)$$

3.2.1.6 基本轨道要素

对于二体问题，绕中心引力体的运动是在固定平面（轨道面）内进行的，完全确定物体的轨道运动需要 6 个基本的轨道要素。6 个轨道要素在地心赤道惯性坐标系下的定义如下（见图 3 - 9）：

1）轨道半长轴 a；

2）轨道偏心率 e；

3）轨道面倾角 i，轨道面与天赤道面的夹角，$0° \leqslant i \leqslant 180°$；

4）近拱点角距 ω，升交点到近拱点的角距，按运动方向度量；

5）升交点赤经 Ω，春分点到升交点的角距，从北天极看以逆时针向为正；

6）过近拱点时刻 t_P。

对于特殊轨道（如圆轨道和赤道平面轨道），个别的基本轨道要素不具有实际的意义。在对数学模型的程序实现中，为处理无意义的轨道要素问题，对近拱点角距 ω 和升交点赤经 Ω 在特殊轨道下进行了重新定义。

对于轨道面不在赤道面内的圆轨道，近拱点角距 ω 不存在。规定近拱点与升交点重合，$\omega \equiv 0$。

在轨道面与赤道面重合的圆轨道，近拱点角距 ω 与升交点赤经 Ω 都无定义，规定近拱点和升交点是轨道与 x_i 轴（过春分点）的交点。此时，$\Omega = 0$，$\omega = 0$。

在赤道面上的椭圆轨道（$i = 0°$，$180°$），Ω 无定义，规定升交点就是轨道与 x_i 轴的交点，$\Omega \equiv 0$，ω 从 Ox_i 轴开始量度。

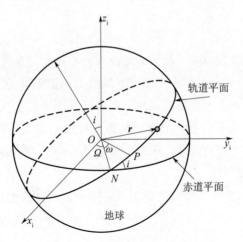

图 3-9　卫星轨道根数表示法

3.2.2　近距离相对轨道动力学

在航天器的交会对接、编队飞行中，最重要的是航天器的相对运动，包括相对轨道和相对姿态运动。本节仅研究相对轨道运动。在研究交会、编队这类空间任务中，通常假设有一个航天器处于被动状态，另外一个航天器则主动地控制自己的运动，向目标接近或者向指定位置接近。为了清楚地描述近距离相对运动，首先引入以下几个概念。

1) 参考航天器，是指相对运动描述中，其他航天器运动的参考基准，代表一个运动的位置。通常在参考航天器的质心建立坐标系，参考航天器所运行的轨道也代表了相对运动中所有航天器的轨道特性。是否在该参考基准处放置航天器应根据任务需要而定，当该位置并未放置航天器时，可假设现实中存在这样一颗航天器，此时称为虚拟参考航天器。

2) 主动航天器，是指主动地控制自己运动来完成预定任务的航天器。

3) 被动航天器，为主动航天器进行机动的目标，处于消极等待状态。在本章中被动航天器不施加控制力，被选为参考航天器。

4) 相对运动，是指一个航天器相对另一航天器的运动。通常在以参考航天器质心为坐标原点的特定坐标系内（例如轨道坐标系等）描述相对运动，本章指的是目标轨道坐标系。相对运动包括周期性相对运动（例如被动编队、周期性机动伴飞等）、非周期性相对运动（例如近距离交会等）。

5) 相对机动，是指主动航天器在控制力的作用下，从一个相对运动状态转移到另一相对状态的过程。相对机动是相对运动的一部分。

本节首先给出地心惯性系下被动航天器和主动航天器之间的相对运动动力学方程；由于在对主动航天器进行控制时，通常使用的是目标轨道旋转下的相对位置和相对速度，本节接下来利用绝对导数和相对导数之间的关系，得到目标轨道坐标系下的相对运动动力学方程；最后，在不考虑作用在主动航天器上的摄动力和控制力的情况下，给出方程的状态转移矩阵。

3.2.2.1　动力学方程

现在考虑被动航天器 T 与主动航天器 C 之间的相对运动，设主动航天器相对于被动航天器的位置矢量为 $\boldsymbol{r}$，两航天器的地心距矢量分别为 $\boldsymbol{r}_t$ 和 $\boldsymbol{r}_c$，如图 3-10 所示。

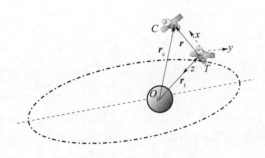

图 3-10　航天器相对位置关系

设被动航天器受到的除地球中心引力以外的所有摄动力引起的摄动加速度为 $\boldsymbol{f}_t$，被动航天器在惯性系下的运动方程为

$$\frac{\mathrm{d}^2 \boldsymbol{r}_t}{\mathrm{d}t^2} = -\mu \frac{\boldsymbol{r}_t}{r_t^3} + \boldsymbol{f}_t \qquad (3-58)$$

式中，μ 为地球引力常数，r_t 的表达式如下

$$r_t = |\boldsymbol{r}_t| = \frac{a_t(1-e_t^2)}{(1+e_t\cos\theta_t)} \qquad (3-59)$$

式中 a_t、e_t、θ_t 分别为被动航天器的轨道半长轴、偏心率和真近点角。

设主动航天器受到的控制力加速度为 $\boldsymbol{u}$，受到的除地球中心引力以外的所有摄动力引起的摄动加速度为 $\boldsymbol{f}_c$，则主动航天器在惯性系下的运动方程为

$$\frac{\mathrm{d}^2 \boldsymbol{r}_c}{\mathrm{d}t^2} = -\mu \frac{\boldsymbol{r}_c}{r_c^3} + \boldsymbol{f}_c + \boldsymbol{u} \qquad (3-60)$$

其中

$$r_c = \mid \boldsymbol{r}_c \mid = \frac{a_c(1-e_c^2)}{(1+e_c\cos\theta_c)} \qquad (3-61)$$

与式（3-59）一样，式（3-61）中 a_c、e_c、θ_c 分别为主动航天器的轨道半长轴、偏心率和真近点角。

主动航天器相对于被动航天器的位置矢量为 $\boldsymbol{r} = \boldsymbol{r}_c - \boldsymbol{r}_t$，由式（3-58）和式（3-60）可得

$$\begin{aligned}
\frac{d^2\boldsymbol{r}}{dt^2} &= \frac{d^2\boldsymbol{r}_c}{dt^2} - \frac{d^2\boldsymbol{r}_t}{dt^2} \\
&= -\mu\frac{\boldsymbol{r}_c}{r_c^3} + \frac{\boldsymbol{r}_t}{r_t^3} + \boldsymbol{f}_c - \boldsymbol{f}_t + \boldsymbol{u} \qquad (3-62) \\
&= -\frac{\mu}{r_t^3}\left(\frac{r_t^3}{r_c^3}\boldsymbol{r}_c - \boldsymbol{r}_t\right) + \boldsymbol{f}_c - \boldsymbol{f}_t + \boldsymbol{u}
\end{aligned}$$

式（3-62）即为惯性系下未作任何简化的精确相对运动方程。

设 $\boldsymbol{\omega}$ 和 $\dot{\boldsymbol{\omega}}$ 分别为目标轨道坐标系 S 相对于地心赤道惯性坐标系 S_i 的旋转角速度矢量和角加速度矢量。根据活动坐标系中矢量的导数规则有

$$\left(\frac{d^2\boldsymbol{r}}{dt^2}\right) = \frac{d^2(\boldsymbol{r})}{dt^2} + 2(\boldsymbol{\omega})^\times\frac{d(\boldsymbol{r})}{dt} + (\boldsymbol{\omega})^\times(\boldsymbol{\omega})^\times(\boldsymbol{r}) + (\dot{\boldsymbol{\omega}})^\times(\boldsymbol{r})$$

$$(3-63)$$

将式（3-62）代入式（3-63）有

$$\begin{aligned}
\frac{d^2(\boldsymbol{r})}{dt^2} = &-2(\boldsymbol{\omega})^\times\frac{d(\boldsymbol{r})}{dt} - (\boldsymbol{\omega})^\times(\boldsymbol{\omega})^\times(\boldsymbol{r}) - (\dot{\boldsymbol{\omega}})^\times(\boldsymbol{r}) - \frac{\mu}{r_t^3}\left(\frac{r_t^3}{r_c^3}\boldsymbol{r}_c - \boldsymbol{r}_t\right) + \\
&(\boldsymbol{f}_c - \boldsymbol{f}_t + \boldsymbol{u})
\end{aligned}$$

$$(3-64)$$

式（3-64）即为目标轨道坐标系下未作任何简化的精确相对运动方程。记 n_t 为被动航天器的平均角速度，则

$$n_t = \sqrt{\frac{\mu}{a_t^3}} , \ \dot{\theta}_t = \frac{n_t(1+e_t\cos\theta_t)^2}{(1-e_t^2)^{3/2}} , \ \ddot{\theta}_t = \frac{-2n_t^2 e\sin\theta_t(1+e_t\cos\theta_t)^3}{(1-e_t^2)^3}$$

$$(3-65)$$

将式（3-64）中各矢量在轨道坐标系中分解，有

$$\boldsymbol{r} = [x \quad y \quad z]^T, \ \boldsymbol{r}_t = [0 \quad 0 \quad -r_t]^T, \ \boldsymbol{r}_c = [x \quad y \quad -r_t+z]^T$$

$$\boldsymbol{\omega} = \begin{bmatrix} 0 & -\dot{\theta}_t & 0 \end{bmatrix}^T, \dot{\boldsymbol{\omega}} = \begin{bmatrix} 0 & -\ddot{\theta}_t & 0 \end{bmatrix}^T \qquad (3-66)$$

将式（3 - 66）中的各个量代入式（3 - 64）中，得

$$
\begin{bmatrix} \ddot{x} \\ \ddot{y} \\ \ddot{z} \end{bmatrix} = -2 \begin{bmatrix} 0 & 0 & -\dot{\theta}_t \\ 0 & 0 & 0 \\ \dot{\theta}_t & 0 & 0 \end{bmatrix} \begin{bmatrix} \dot{x} \\ \dot{y} \\ \dot{z} \end{bmatrix} - \begin{bmatrix} 0 & 0 & -\dot{\theta}_t \\ 0 & 0 & 0 \\ \dot{\theta}_t & 0 & 0 \end{bmatrix} \begin{bmatrix} -\dot{\theta}_t z \\ 0 \\ \dot{\theta}_t x \end{bmatrix} -
$$

$$
\begin{bmatrix} 0 & 0 & -\ddot{\theta}_t \\ 0 & 0 & 0 \\ \ddot{\theta}_t & 0 & 0 \end{bmatrix} \begin{bmatrix} x \\ y \\ z \end{bmatrix} + \frac{\mu}{r_t^3} \left\{ \begin{bmatrix} 0 \\ 0 \\ -r_t \end{bmatrix} - \right.
$$

$$
\left. \frac{r_t^3}{\left[x^2 + y^2 + (z-r_t)^2 \right]^{3/2}} \begin{bmatrix} x \\ y \\ z-r_t \end{bmatrix} \right\} + \begin{bmatrix} f_x \\ f_y \\ f_z \end{bmatrix} \qquad (3-67)
$$

式中，$\boldsymbol{f} = \boldsymbol{f}_c - \boldsymbol{f}_t + \boldsymbol{u}$。式（3 - 67）即为两航天器的精确相对运动动力学方程在目标轨道坐标系下的分量形式。

精确的相对运动模型的表达形式是较为复杂的，难以在实际工程中应用。在实际工程中，一般需要知道的是两个航天器在距离很近时的相对运动情况，即近距离相对运动情况。无论是在航天器交会任务中，还是在航天器编队飞行任务中，航天器之间的距离相对于航天器到地心的距离一般来说都是较小的。特别是在交会任务中，用到相对运动理论时，航天器之间的距离最多不过几十千米，而且只有在最后几百米以内，才要求对相对运动的描述达到很高的精度。例如，对于轨道高度为 500 km 的情况来说，即使航天器之间的距离为 10 km，这一距离相对于航天器到地心的距离（6 878 km）来说也是很小的。

在近距离相对运动的情况下，被动航天器和主动航天器的相对距离远小于它们的轨道半径，即 $|\boldsymbol{r}| \ll |\boldsymbol{r}_t|$，可将式（3 - 67）的地球引力项线性化。为此，定义矢量函数

$$f(\boldsymbol{r}) = -\mu \frac{\boldsymbol{r}}{\boldsymbol{r}^3} \triangleq \begin{bmatrix} f_x & f_y & f_z \end{bmatrix}^T \qquad (3-68)$$

利用 $r_c = r_t + r$，且 r 为小量，将主动航天器的引力项表达式在被动航天器地心距矢量处泰勒展开，并保留一阶项得

$$f(r_c) = f(r_t + r) \approx f(r_t) + \nabla f(r_t) \cdot r \qquad (3-69)$$

其中

$$\nabla f = \begin{bmatrix} \dfrac{\partial f_x}{\partial x} & \dfrac{\partial f_y}{\partial x} & \dfrac{\partial f_z}{\partial x} \\[2mm] \dfrac{\partial f_x}{\partial y} & \dfrac{\partial f_y}{\partial y} & \dfrac{\partial f_z}{\partial y} \\[2mm] \dfrac{\partial f_x}{\partial z} & \dfrac{\partial f_y}{\partial z} & \dfrac{\partial f_z}{\partial z} \end{bmatrix}$$

将式（3-69）代入式（3-67），可得在近距离条件下线性化的一阶近似相对运动动力学方程

$$\begin{bmatrix} \ddot{x} \\ \ddot{y} \\ \ddot{z} \end{bmatrix} = \begin{bmatrix} \dot{\theta}_t^2 - \mu/r_t^3 & 0 & \ddot{\theta} & 0 & 0 & 2\dot{\theta}_t \\ 0 & -\mu/r_t^3 & 0 & 0 & 0 & 0 \\ -\ddot{\theta}_t & 0 & \dot{\theta}_t^2 + 2\mu/r_t^3 & -2\dot{\theta}_t & 0 & 0 \end{bmatrix} \begin{bmatrix} x \\ y \\ z \\ \dot{x} \\ \dot{y} \\ \dot{z} \end{bmatrix} + \begin{bmatrix} f_x \\ f_y \\ f_z \end{bmatrix}$$

$$(3-70)$$

3.2.2.2　T-H 方程及其状态转移矩阵

当被动航天器的轨道为椭圆轨道时，以真近点角为自变量可以将式（3-70）化为比较简单的形式，这样可以方便状态转移矩阵的求解。在下述章节中，为了方便，在不至于引起歧义的情况下用 a，e，θ 分别代替 a_t，e_t，θ_t。任意变量对时间 t 的导数与其对真近点角 θ 的导数之间的变换关系如下

$$\frac{\mathrm{d}}{\mathrm{d}t} = \frac{\mathrm{d}\theta}{\mathrm{d}t}\frac{\mathrm{d}}{\mathrm{d}\theta}, \qquad \frac{\mathrm{d}^2}{\mathrm{d}t^2} = \left(\frac{\mathrm{d}\theta}{\mathrm{d}t}\right)^2 \frac{\mathrm{d}^2}{\mathrm{d}\theta^2} + \frac{\mathrm{d}\theta}{\mathrm{d}t}\frac{\mathrm{d}\omega}{\mathrm{d}\theta}\frac{\mathrm{d}}{\mathrm{d}\theta} \qquad (3-71)$$

将式（3-71）代入式（3-70），使其转化为以被动航天器真近点角 θ 为自变量的方程，得

$$\begin{bmatrix} x'' \\ y'' \\ z'' \end{bmatrix} = \frac{1}{\rho} \begin{bmatrix} e_c & 0 & -2e_s & 2e_s & 0 & 2\rho \\ 0 & -1 & 0 & 0 & 2e_s & 0 \\ 2e_s & 0 & 3+e_c & -2\rho & 0 & 2e_s \end{bmatrix} \begin{bmatrix} x \\ y \\ z \\ x' \\ y' \\ z' \end{bmatrix} + \frac{a^3(1-e^2)^3}{\mu\rho^4} \begin{bmatrix} f_x \\ f_y \\ f_z \end{bmatrix}$$

$$(3-72)$$

式中，$(\ )' = \mathrm{d}(\ )/\mathrm{d}\theta$；$\rho = 1 + e\cos\theta$；$e_s = e\sin\theta$；$e_c = e\cos\theta$。

式（3-72）即为以真近点角 θ 为自变量的 Tschauner-Hempel 方程（简称 T-H 方程）或 Lawden 方程。

为了将式（3-72）化为更简单的形式，作如下变换

$$\begin{bmatrix} \tilde{x} \\ \tilde{y} \\ \tilde{z} \end{bmatrix} = \rho \begin{bmatrix} x \\ y \\ z \end{bmatrix}, \quad \begin{bmatrix} \tilde{x}' \\ \tilde{y}' \\ \tilde{z}' \end{bmatrix} = -e\sin\theta \begin{bmatrix} x \\ y \\ z \end{bmatrix} + \left(\frac{h^3}{\mu^2\rho}\right) \begin{bmatrix} \dot{x} \\ \dot{y} \\ \dot{z} \end{bmatrix} \quad (3-73)$$

即

$$\tilde{\boldsymbol{r}} = \rho \boldsymbol{r}$$

$$\tilde{\boldsymbol{v}} = -e\sin\theta \cdot \boldsymbol{r} + (h^3/\mu^2\rho)\boldsymbol{v} \qquad (3-74)$$

式中，$h = \sqrt{\mu a(1-e^2)}$，根据式（3-73）且忽略各种摄动力和控制力，式（3-72）可化简为

$$\tilde{x}'' = 2\tilde{z}' \qquad (3-75)$$

$$\tilde{y}'' = -\tilde{y} \qquad (3-76)$$

$$\tilde{z}'' = 3\tilde{z}/\rho - 2\tilde{x}' \qquad (3-77)$$

对式（3-75）～式（3-77）进行求解，即可得到椭圆参考轨道情况下相对运动方程状态转移矩阵。从上述方程可以看到，面内运动和面外运动是解耦的。通过对方程（3-75）一次积分可以得到 $\tilde{x}'$，将其代入式（3-77），可以得到

$$\tilde{z}'' + \left(4 - \frac{3}{\rho}\right)\tilde{z} = 2d \qquad (3-78)$$

式中，d 为积分常数。对方程（3-78）求解可得 $\tilde{z}$，由 $\tilde{z}$ 可解得 $\tilde{y}$。

方程（3 - 76）为典型的简谐振动，可以很容易地得到它的解。

接下来介绍亚玛纳卡（Yamanaka）和安克森（Ankersen）给出的式（3 - 75）～式（3 - 77）的状态转移矩阵。

为了求解方程（3 - 78），需要首先给出它对应的齐次方程的两个线性无关解。劳登（Lawden）给出了两个线性无关解

$$\tilde{z}_1 = \rho \sin \theta \qquad\qquad (3 - 79)$$

和

$$\tilde{z}_2 = \tilde{z}_1 \int \frac{1}{\left[\rho(\theta)\sin\theta\right]^2} d\theta \qquad\qquad (3 - 80)$$

式（3 - 80）的积分项在 θ 为 π 的整数倍时存在奇异。为了求解 T - H 方程的无奇异状态转移矩阵，亚玛纳卡和安克森通过引入新的项

$$I(\theta) = \int \frac{1}{\left[\rho(\theta)\right]^2} d\theta = \frac{\mu^2}{h^3}(t - t_0) \qquad\qquad (3 - 81)$$

在劳登给出的解的基础上，得到了如下形式的另一个独立解

$$\tilde{z}_2 = 3e^2 I \tilde{z}_1 + \rho \cos \theta - 2e \qquad\qquad (3 - 82)$$

根据式（3 - 79）和式（3 - 82）给出的两个线性无关解，方程（3 - 78）的一个特解可以写成

$$\tilde{z}_3 = (d/e)\rho \cos \theta \qquad\qquad (3 - 83)$$

式（3 - 83）在 $e = 0$ 时存在奇异，该奇异在最终的 $\tilde{x}, \tilde{y}, \tilde{z}$ 中得以消除。最终的 $\tilde{x}, \tilde{y}, \tilde{z}$ 的表达式为

$$\tilde{x} = c_1 k \sin f + c_2 k \cos f + c_3(2 - 3ekI \sin f) \qquad (3 - 84)$$

$$\tilde{y} = c_4 + c_1(1 + 1/k)\cos f - c_2(1 + 1/k)\sin f - 3c_3 k^2 I$$

$$(3 - 85)$$

$$\tilde{z} = c_5 \cos f + c_6 \sin f \qquad\qquad (3 - 86)$$

设状态变量 $\tilde{x} = \begin{bmatrix} \tilde{x} & \tilde{y} & \tilde{z} & \tilde{x}' & \tilde{y}' & \tilde{z}' \end{bmatrix}^T$，则 $\tilde{x}(\theta) = \boldsymbol{\Phi}(\theta)\boldsymbol{\Phi}^{-1}(\theta_0)\tilde{x}(\theta_0)$。亚玛纳卡和安克森利用式（3 - 84）～式（3 - 86）解得到了式（3 - 75）～式（3 - 77）的状态转移矩阵

$$\boldsymbol{\Phi}(\theta, \theta_0) = \boldsymbol{\Phi}(\theta)\boldsymbol{\Phi}^{-1}(\theta_0) \qquad\qquad (3 - 87)$$

其中

$$
\boldsymbol{\Phi}(\theta) = \begin{bmatrix}
1 & -c(1+1/\rho) & 0 & 0 & s(1+1/\rho) & 3\rho^2 I \\
0 & 0 & \cos\theta & \sin\theta & 0 & 0 \\
0 & s & 0 & 0 & c & 2-3esI \\
0 & 2s & 0 & 0 & 2c-e & 3-6esI \\
0 & 0 & -\sin\theta & \cos\theta & 0 & 0 \\
0 & s' & 0 & 0 & c' & -3e(s'I+s/\rho^2)
\end{bmatrix}
$$

$$(3-88)$$

$$s = \rho\sin\theta, c = \rho\cos\theta$$

$$s' = \cos\theta + e\cos 2\theta, c' = -\sin\theta - e\sin 2\theta$$

$$I = \frac{\mu^2}{h^3}(t-t_0), h = \sqrt{\mu a(1-e^2)}$$

$$\boldsymbol{\Phi}^{-1}(\theta_0) = \frac{1}{k^2} \times$$

$$
\begin{bmatrix}
k^2 & 0 & 3es(1/\rho+1/\rho^2) & -es(1+1/\rho) & 0 & -ec+2 \\
0 & 0 & -3s(1/\rho+e^2/\rho^2) & s(1+1/\rho) & 0 & c-2e \\
0 & k^2\cos\theta & 0 & 0 & -k^2\sin\theta & 0 \\
0 & k^2\sin\theta & 0 & 0 & k^2\cos\theta & 0 \\
0 & 0 & -3(c/\rho+e) & c+c/\rho+e & 0 & -s \\
0 & 0 & 3\rho+e^2-1 & -\rho^2 & 0 & es
\end{bmatrix}_{\theta=\theta_0}
$$

$$(3-89)$$

$$k = \sqrt{1-e^2}$$

　　亚玛纳卡和安克森给出的状态转移矩阵非常简洁, 得到了广泛的应用。

3.2.2.3　C-W 方程及其状态转移矩阵

　　当被动航天器的轨道为近圆轨道时, $e \approx 0$, 此时有

$$r_t = a_t$$

$$\dot{\theta} = \sqrt{\mu/a_t^3} = n$$

$$\ddot{\theta} = 0$$

$$(3-90)$$

将式（3-90）代入式（3-70），可得

$$\begin{cases} \ddot{x} = 2n\dot{z} + f_x \\ \ddot{y} = -n^2 y + f_y \\ \ddot{z} = 3n^2 z - 2n\dot{x} + f_z \end{cases} \tag{3-91}$$

式（3-91）即为 Clohessy - Wiltshire 方程，也称为 Hill 方程。

选择状态变量 $\boldsymbol{x} = \begin{bmatrix} x & y & z & \dot{x} & \dot{y} & \dot{z} \end{bmatrix}^T$，同时忽略航天器所受的控制力和摄动力，式（3-91）可表示为如下线性系统

$$\dot{\boldsymbol{x}}(t) = \boldsymbol{A}\boldsymbol{x}(t) \tag{3-92}$$

式中，$\boldsymbol{A}$ 为系统矩阵，表达式为

$$\boldsymbol{A} = \begin{bmatrix} 0 & 0 & 0 & 1 & 0 & 0 \\ 0 & 0 & 0 & 0 & 1 & 0 \\ 0 & 0 & 0 & 0 & 0 & 1 \\ 0 & 0 & 0 & 0 & 0 & 2n \\ 0 & -n^2 & 0 & 0 & 0 & 0 \\ 0 & 0 & 3n^2 & -2n & 0 & 0 \end{bmatrix} \tag{3-93}$$

设方程（3-92）的初始条件为

$$\boldsymbol{x}(t_0) = \begin{bmatrix} x_0 & y_0 & z_0 & \dot{x}_0 & \dot{y}_0 & \dot{z}_0 \end{bmatrix}^T$$

根据线性系统理论，可得方程（3-92）的解为

$$\boldsymbol{x}(t) = \mathrm{e}^{\boldsymbol{A}(t-t_0)} \boldsymbol{x}(t_0) \tag{3-94}$$

方程（3-92）的状态转移矩阵为

$$\boldsymbol{\Phi}(t,t_0) = \mathrm{e}^{\boldsymbol{A}\tau}$$

$$= \begin{bmatrix} 1 & 0 & 6(n\tau - \sin n\tau) & \dfrac{4}{n}\sin n\tau - 3\tau & 0 & \dfrac{2}{n}(1 - \cos n\tau) \\ 0 & \cos n\tau & 0 & 0 & \dfrac{1}{n}\sin n\tau & 0 \\ 0 & 0 & 4 - 3\cos n\tau & \dfrac{2}{n}(\cos n\tau - 1) & 0 & \dfrac{1}{n}\sin n\tau \\ 0 & 0 & 6n(1 - \cos n\tau) & 4\cos n\tau - 3 & 0 & 2\sin n\tau \\ 0 & -n\sin n\tau & 0 & 0 & \cos n\tau & 0 \\ 0 & 0 & 3n\sin n\tau & -2\sin n\tau & 0 & \cos n\tau \end{bmatrix}$$

$$\tag{3-95}$$

式中，$\tau = t - t_0$。

3.2.3　姿态动力学

3.2.3.1　姿态描述

卫星姿态可以用方向余弦、欧拉轴/角参数、姿态四元数以及罗德里格参数等表示。这些姿态表示方法各有优缺点。其中欧拉角的物理意义最清晰，应用也较多，但是存在奇异点，从而限制了其应用范围。方向余弦方法会产生 6 个冗余参数，欧拉轴/角参数需要解三角函数方程，罗德里格参数在旋转趋于 180° 时会趋于无穷，这些都给它们的应用带来了限制。四元数方法虽然物理意义不明确，但是它无奇异点存在，而且方程较为简单，给公式推导带来了极大的方便。下面将介绍姿态的四元数表示法。

四元数是具有 4 个元素的超复数，它可以描述一个坐标系或矢量相对于某个坐标系的旋转，定义四元数为

$$q \equiv q_0 + iq_1 + jq_2 + kq_3 \qquad (3-96)$$

其中 i，j，k 为虚数，并满足如下关系

$$i^2 + j^2 + k^2 = -1, \; i \circ j = -j \circ i = k, \; j \circ k = -k \circ j = i, \; k \circ i = -i \circ k = j$$
$$(3-97)$$

四元数也可表示为

$$q = \begin{bmatrix} q_0 \\ \bar{q} \end{bmatrix} = \begin{bmatrix} q_0 & q_1 & q_2 & q_3 \end{bmatrix}^T \qquad (3-98)$$

式中，$\bar{q}$ 为矢量部分，q_0 为标量部分。各分量分别表示为

$$\bar{q} = \begin{bmatrix} q_1 \\ q_2 \\ q_3 \end{bmatrix} \equiv e \sin \frac{\phi}{2}, \quad q_0 = \cos \frac{\phi}{2} \qquad (3-99)$$

式中　e ——旋转轴（欧拉轴）的轴向单位矢量；

　　　ϕ ——绕欧拉轴的旋转角度。

四元数的 4 个元素只表示 3 个自由度，因此满足正交约束方程

$$q_0^2 + q_1^2 + q_2^2 + q_3^2 = 1 \qquad (3-100)$$

满足上述正交约束的四元数 $\bar{q}$ 称为规范四元数。定义共轭四元数为

$$\boldsymbol{q}^* = \begin{bmatrix} q_0 & -q_1 & -q_2 & -q_3 \end{bmatrix}^{\mathrm{T}}$$

可得

$$\boldsymbol{q}^* \circ \boldsymbol{q} = \boldsymbol{q} \circ \boldsymbol{q}^* = 1 \qquad (3-101)$$

令两个四元数 $\boldsymbol{q}$ 和 $\boldsymbol{p}$ 相乘，则四元数乘法定义为

$$\begin{aligned}
\boldsymbol{p} \circ \boldsymbol{q} &= (p_0 + ip_1 + jp_2 + kp_3)(q_0 + iq_1 + jq_2 + kq_3) \\
&= p_0 q_0 - (p_1 q_1 + p_2 q_2 + p_3 q_3) + (ip_1 + jp_2 + kp_3)q_0 + \\
&\quad p_0(iq_1 + jq_2 + kq_3) + [(p_2 q_3 - p_3 q_2)i + \\
&\quad (p_3 q_1 - p_1 q_3)j + (p_1 q_2 - p_2 q)_1 k] \qquad (3-102)
\end{aligned}$$

如果定义

$$\bar{\boldsymbol{p}} \cdot \bar{\boldsymbol{q}} = p_1 q_1 + p_2 q_2 + p_3 q_3$$

$$\bar{\boldsymbol{p}} \times \bar{\boldsymbol{q}} = (p_2 q_3 - p_3 q_2)i + (p_3 q_1 - p_1 q_3)j + (p_1 q_2 - p_2 q_1)k$$

那么式（3-102）可改写为

$$\boldsymbol{p} \circ \boldsymbol{q} = p_0 q_0 - \bar{\boldsymbol{p}} \cdot \bar{\boldsymbol{q}} + \bar{\boldsymbol{p}} p_0 + p_0 \bar{\boldsymbol{q}} + \bar{\boldsymbol{p}} \times \bar{\boldsymbol{q}}$$

将上式写成矩阵形式，有

$$\boldsymbol{p} \circ \boldsymbol{q} = \begin{bmatrix} p_0 & -p_1 & -p_2 & -p_3 \\ p_1 & p_0 & -p_3 & p_2 \\ p_2 & p_3 & p_0 & -p_1 \\ p_3 & -p_2 & p_1 & p_0 \end{bmatrix} \begin{bmatrix} q_0 \\ q_1 \\ q_2 \\ q_3 \end{bmatrix} = \begin{bmatrix} q_0 & -q_1 & -q_2 & -q_3 \\ q_1 & q_0 & q_3 & -q_2 \\ q_2 & -q_3 & q_0 & q_1 \\ q_3 & q_2 & -q_1 & q_0 \end{bmatrix} \begin{bmatrix} p_0 \\ p_1 \\ p_2 \\ p_3 \end{bmatrix}$$

$$(3-103)$$

下面定义四元数 $\boldsymbol{q}$ 与矢量 $\boldsymbol{r}$ 的乘积运算。令 $\boldsymbol{q} \equiv q_0 + iq_1 + jq_2 + kq_3 \equiv q_0 + \bar{\boldsymbol{q}}$，$\boldsymbol{r} = ix + jy + kz$，那么矢量 $\boldsymbol{r}$ 可以改写为一个四元数 $\boldsymbol{r}'$，且 $\boldsymbol{r}' = 0 + ix + jy + kz$，根据式（3-103）可以得到

$$\boldsymbol{q} \circ \boldsymbol{r} = (q_0 + \bar{\boldsymbol{q}}) \circ \boldsymbol{r}' = -\bar{\boldsymbol{q}} \cdot \boldsymbol{r} + (q_0 + \bar{\boldsymbol{q}} \times \boldsymbol{r}) \qquad (3-104)$$

假设坐标系 S_a 用 (i_a, j_a, k_a) 表示，坐标系 S_b 用 (i_b, j_b, k_b) 表示，从坐标系 S_a 到坐标系 S_b 的转动四元数为 $\boldsymbol{q} \equiv q_0 + iq_1 + jq_2 + kq_3$，那么存在下面的转换关系

$$i_b = \boldsymbol{q} \circ i_a \circ \boldsymbol{q}^*, \quad j_b = \boldsymbol{q} \circ j_a \circ \boldsymbol{q}^*, \quad k_b = \boldsymbol{q} \circ k_a \circ \boldsymbol{q}^* \quad (3-105)$$

结合式（3-103）、式（3-104）和式（3-105）可以推出从 S_a 到 S_b 的坐标转换矩阵 $\boldsymbol{L}_{ba}$

$$\boldsymbol{L}_{ba} = \begin{bmatrix} q_0^2 + q_1^2 - q_2^2 - q_3^2 & 2(q_1 q_2 + q_0 q_3) & 2(q_3 q_1 - q_0 q_2) \\ 2(q_2 q_1 - q_0 q_3) & q_0^2 - q_1^2 + q_2^2 - q_3^2 & 2(q_3 q_2 + q_0 q_1) \\ 2(q_0 q_2 + q_1 q_3) & 2(q_3 q_2 - q_0 q_1) & q_0^2 - q_1^2 - q_2^2 + q_3^2 \end{bmatrix}$$

$$(3-106)$$

3.2.3.2　姿态运动学方程

设卫星本体坐标系相对地心惯性坐标系的姿态四元数为 $\boldsymbol{q}$，$\boldsymbol{\omega} = (\omega_x \quad \omega_y \quad \omega_z)^T$ 为卫星体坐标系相对于地心惯性系的姿态角速度在本体坐标系内的表示，则由四元数描述的姿态运动学方程为

$$\dot{\boldsymbol{q}} = \begin{bmatrix} \dot{q}_0 & \dot{q}_1 & \dot{q}_2 & \dot{q}_3 \end{bmatrix}^T = \frac{1}{2} \boldsymbol{q} \circ \boldsymbol{\omega} = \frac{1}{2} \Omega(\boldsymbol{\omega}) \boldsymbol{q} \quad (3-107)$$

其中

$$\Omega(\boldsymbol{\omega}) = \begin{bmatrix} 0 & -\omega_1 & -\omega_2 & -\omega_3 \\ \omega_1 & 0 & -\omega_3 & \omega_2 \\ \omega_2 & \omega_3 & 0 & -\omega_1 \\ \omega_3 & -\omega_2 & \omega_1 & 0 \end{bmatrix}$$

为推导方便常把四元数的矢量部分和标量部分分开表示，有

$$\begin{cases} \dfrac{\mathrm{d}\bar{\boldsymbol{q}}}{\mathrm{d}t} = \dfrac{1}{2} q_0 \boldsymbol{\omega} + \dfrac{1}{2} \bar{\boldsymbol{q}} \times \boldsymbol{\omega} \\ \dot{q}_0 = \dfrac{1}{2} \bar{\boldsymbol{q}} \cdot \boldsymbol{\omega} \end{cases} \quad (3-108)$$

3.2.3.3　相对姿态的运动学方程

令航天器轨道坐标系 S_o 相对地心惯性坐标系 S_i 的转动角速度为 $\boldsymbol{\omega}_0$，且航天器轨道坐标系 S_o 向本体坐标系 S_b 转动的四元数为 $\boldsymbol{q}$。由式（3-107）可以得到 S_b 相对于 S_o 的转动角速度 $\bar{\boldsymbol{\omega}}$ 满足如下关系

$$\dot{\boldsymbol{q}} = \frac{1}{2} \bar{\boldsymbol{\omega}} \circ \boldsymbol{q}$$

那么有如下公式成立

$$q^* \circ \dot{q} = \frac{1}{2} q^* \circ q \circ \bar{\omega}$$

结合式（3 - 101）可得

$$\bar{\omega} = 2q^* \circ \dot{q} \qquad (3-109)$$

由角速度的矢量合成定理可得航天器本体坐标系相对于惯性坐标系的转动角速度 ω 为

$$\omega = \omega_0 + \bar{\omega} \qquad (3-110)$$

利用四元数表示的坐标转换关系和式（3 - 109）可将式（3 - 110）改写为

$$\omega = 2q^* \circ \dot{q} + q^* \circ \omega_0 \circ q \qquad (3-111)$$

令式（3 - 111）等号两边各左乘 q 并结合式（3 - 101），可得相对的姿态运动微分方程

$$\dot{q} = \frac{1}{2}(q \circ \omega - \omega_0 \circ q) \qquad (3-112)$$

应用式（3 - 112）时应注意，ω_0 是轨道坐标系的绝对角速度在轨道坐标系下的投影，而 q 是航天器轨道坐标系 S_o 向本体坐标系 S_b 转动的四元数，ω 是体坐标系绝对角速度在体坐标系下的投影。

3.2.3.4　欧拉动力学方程

由于这里认为航天器是一刚体，故可以根据刚体动力学的相关理论直接得到航天器的姿态运动方程

$$I\dot{\omega} + \omega \times I\omega = T_c + T_d = M \qquad (3-113)$$

式中　ω ——体坐标系绝对角速度；

I ——航天器的转动惯量；

T_c ——控制力矩；

T_d ——所有干扰力矩的矢量和。

如果令

$$\omega = (\omega_x \quad \omega_y \quad \omega_z)^T, \; I = \begin{bmatrix} I_x & -I_{xy} & -I_{zx} \\ -I_{xy} & I_y & -I_{yz} \\ -I_{zx} & I_{yz} & I_z \end{bmatrix}$$

那么式（3-113）可以改写为

$$\begin{cases} I_x \dfrac{\mathrm{d}\omega_x}{\mathrm{d}t} - (I_y - I_z)\omega_y\omega_z - I_{yz}(\omega_y^2 - \omega_z^2) - I_{zx}\left(\dfrac{\mathrm{d}\omega_x}{\mathrm{d}t} - \omega_y\omega_x\right) - I_{xy}\left(\dfrac{\mathrm{d}\omega_y}{\mathrm{d}t} - \omega_z\omega_x\right) = M_x \\[3mm] I_y \dfrac{\mathrm{d}\omega_y}{\mathrm{d}t} - (I_z - I_x)\omega_x\omega_z - I_{zx}(\omega_z^2 - \omega_x^2) - I_{xy}\left(\dfrac{\mathrm{d}\omega_x}{\mathrm{d}t} + \omega_y\omega_x\right) - I_{yz}\left(\dfrac{\mathrm{d}\omega_z}{\mathrm{d}t} - \omega_y\omega_x\right) = M_y \\[3mm] I_z \dfrac{\mathrm{d}\omega_z}{\mathrm{d}t} - (I_x - I_y)\omega_y\omega_z - I_{xy}(\omega_x^2 - \omega_y^2) - I_{yz}\left(\dfrac{\mathrm{d}\omega_y}{\mathrm{d}t} + \omega_z\omega_x\right) - I_{zx}\left(\dfrac{\mathrm{d}\omega_x}{\mathrm{d}t} - \omega_z\omega_y\right) = M_z \end{cases}$$

$$(3-114)$$

特殊地，如果转动惯量的三个轴均为惯性主轴，那么式（3-114）可以简化为

$$\begin{cases} I_x \dfrac{\mathrm{d}\omega_x}{\mathrm{d}t} - (I_y - I_z)\omega_y\omega_z = M_x \\[3mm] I_y \dfrac{\mathrm{d}\omega_y}{\mathrm{d}t} - (I_z - I_x)\omega_x\omega_z = M_y \\[3mm] I_z \dfrac{\mathrm{d}\omega_z}{\mathrm{d}t} - (I_x - I_y)\omega_y\omega_x = M_z \end{cases} \qquad (3-115)$$

3.2.3.5　重力梯度力矩

大多数力学问题中，可以认为重力场的分布是均匀的，因而物体的重心与物体质心是重合的，引力对质心不产生力矩，但对于航天器来说，当考虑重力梯度时，这两个中心并不是完全重合，因而引力对质心可以产生力矩。虽然这个力矩很小，但是在航天环境下当没有其他力矩存在时这个力矩就显得很重要，而且成为影响航天器姿态稳定性的决定因素。

重力梯度力矩如下

$$M_{xgg} = 3\frac{\mu}{r^3}(I_z - I_y)l_{23}l_{33}$$

$$M_{ygg} = 3\frac{\mu}{r^3}(I_x - I_z)l_{13}l_{33} \qquad (3-116)$$

$$M_{zgg} = 3\frac{\mu}{r^3}(I_y - I_x)l_{13}l_{23}$$

式中　$(M_{xgg} \quad M_{ygg} \quad M_{zgg})^{\mathrm{T}}$——重力梯力矩在航天器本体坐标系上的投影；

$$\boldsymbol{I} = \begin{bmatrix} I_x & 0 & 0 \\ 0 & I_y & 0 \\ 0 & 0 & I_z \end{bmatrix}$$ ——主惯性矩；

$$\boldsymbol{L}_{\mathrm{bo}} = \begin{bmatrix} l_{11} & l_{12} & l_{13} \\ l_{21} & l_{22} & l_{23} \\ l_{31} & l_{32} & l_{33} \end{bmatrix}$$ ——航天器轨道坐标系到本体坐标系的

　　　　　　　　　　转换矩阵；

r ——星地间距离。

3.3　典型变轨理论与模型

3.3.1　远距离变轨理论

3.3.1.1　霍曼变轨

在共面同心圆轨道之间变轨的理论中，霍曼（Hohmann）变轨是最经典并且能量最优的双脉冲变轨方法。现以从小圆到大圆的转移为例，对霍曼变轨理论进行介绍。设初始轨道 C_1 和目标轨道 C_2 的轨道半径分别为 r_1 和 r_2，且 $r_1 < r_2$。由于两个同心圆轨道没有交点，所以必须安排一个过渡轨道。霍曼转移利用与轨道 C_1 和 C_2 都相切的椭圆轨道 E 来实现过渡，过渡轨道 E 与 C_1 和 C_2 相切的点分别为 P 点和 A 点（见图 3-11）。

霍曼变轨的过程为：航天器在 C_1 轨道上的 P 点施加一个速度脉冲 Δv_1，转移到椭圆轨道 E，E 的近地点就是 P，航天器在椭圆轨道 E 的远地点 A 再次施加一个速度脉冲 Δv_2，使其运行轨道变为 C_2 轨道。该转移过程，用符号法可以表示为

$$P(C_1) \xrightarrow{\Delta v_1} P(E) \cdots A(E) \xrightarrow{\Delta v_2} A(C_2)$$

根据上述原理，整个变轨过程中速度关系满足如下方程

$$\begin{cases} v_{\mathrm{c1}} + \Delta v_1 = v_{\mathrm{ep}} \\ v_{\mathrm{ea}} + \Delta v_2 = v_{\mathrm{c2}} \end{cases} \tag{3-117}$$

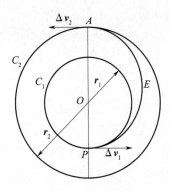

图 3 – 11　霍曼变轨

式中　v_{c1}，v_{c2}——追踪航天器和目标航天器分别在圆轨道 C_1，C_2
　　　　　　　　 上的运行速度；

　　　v_{ep}，v_{ea}——转移轨道 E 的近地点和远地点的速度。

于是，有

$$v_{c1} = \sqrt{\frac{\mu}{r_1}} \qquad\qquad (3-118)$$

$$v_{c2} = \sqrt{\frac{\mu}{r_2}} \qquad\qquad (3-119)$$

$$v_{ep} = \sqrt{\frac{2\mu r_2}{r_1(r_1+r_2)}} = v_{c1}\sqrt{\frac{2r_2}{r_1+r_2}} \qquad (3-120)$$

$$v_{ea} = \sqrt{\frac{2\mu r_1}{r_2(r_1+r_2)}} = v_{c2}\sqrt{\frac{2r_1}{r_1+r_2}} \qquad (3-121)$$

于是，霍曼变轨所需的两次脉冲速度为

$$\Delta v_1 = \sqrt{\frac{\mu}{r_1}}\left(\sqrt{\frac{2r_2}{r_1+r_2}} - 1\right) \qquad (3-122)$$

$$\Delta v_2 = \sqrt{\frac{\mu}{r_2}}\left(1 - \sqrt{\frac{2r_1}{r_1+r_2}}\right) \qquad (3-123)$$

总的特征速度为

$$\Delta v_{\Sigma} = \Delta v_1 + \Delta v_2 \qquad\qquad (3-124)$$

众多学者已经利用不同的方法证明：霍曼变轨是燃料最优的共

面圆轨道之间的两脉冲变轨。其优点是变轨过程简单、燃料消耗少，缺点是变轨时间长。霍曼变轨的转移时间 t_{tr} 为过渡椭圆轨道周期的一半

$$t_{tr} = \frac{\pi}{\sqrt{\mu}} \left(\frac{r_1 + r_2}{2} \right)^{1.5} \qquad (3-125)$$

3.3.1.2　椭圆轨道之间的变轨

　　两个共面的椭圆轨道可能有公共点也可能没有公共点。有公共点的椭圆轨道之间的转移，可以通过在公共点施加一次脉冲改变速度大小和方向来实现。如果两个椭圆轨道没有公共点，则至少需要施加两次脉冲才能实现它们之间的变轨。本节主要介绍大小和拱线不同但相交的椭圆轨道之间的变轨方法。

　　设两椭圆轨道的长半轴和偏心率分别为 a_1、e_1 和 a_2、e_2，两轨道拱线之间的夹角为 $\Delta\omega$，两共面但是大小和拱线不同的相交椭圆轨道 E_1 和 E_2 的交点之一为 B，在 B 点航天器在两轨道上的真近点角分别为 θ_1 和 θ_2，设在 B 点变轨前后的速度分别为 v_1 和 v_2，变轨速度脉冲为 Δv，Δv 和 v_1 的夹角为 α，如图 3-12 所示。

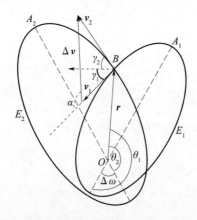

图 3-12　大小和拱线不同的共面相交椭圆轨道之间的转移

　　根据式（3-39）和式（3-45），在 B 点变轨前后的速度大小和速度倾角分别为

$$v_1 = \sqrt{\frac{\mu(1 + e_1^2 + 2e_1 \cos \theta_1)}{a_1(1 - e_1^2)}} \qquad (3-126)$$

$$\gamma_1 = \arcsin\left(\frac{e_1 \sin \theta_1}{\sqrt{1 + e_1^2 + 2e_1 \cos \theta_1}}\right) \qquad (3-127)$$

$$v_2 = \sqrt{\frac{\mu(1 + e_2^2 + 2e_2 \cos \theta_2)}{a_2(1 - e_2^2)}} \qquad (3-128)$$

$$\gamma_2 = \arcsin\left(\frac{e_2 \sin \theta_2}{\sqrt{1 + e_2^2 + 2e_2 \cos \theta_2}}\right) \qquad (3-129)$$

变轨前后，v_1 和 v_2 之间的夹角为

$$\Delta\gamma = \gamma_2 - \gamma_1$$

当 $\sin \Delta\gamma \neq 0$ 时，利用三角形正弦和余弦公式可以求得在 B 点变轨速度脉冲的大小 Δv、以及 v_1 和 v_2 的夹角 α

$$\Delta v = \sqrt{v_1^2 + v_2^2 - 2v_1 v_2 \cos \Delta\gamma} \qquad (3-130)$$

$$\alpha = \pi - \text{arccot}\, \frac{v_1/v_2 - \cos \Delta\gamma}{\sin \Delta\gamma} \qquad (3-131)$$

当 $\sin\Delta\gamma = 0$ 时，v_1 和 v_2 共线，此时可以直接根据 v_1 和 v_2 的大小用标量 v_1 和 v_2 的加减计算求出 Δv。

虽然这里只通过一次速度脉冲就实现了变轨，但是这并不一定是最经济的方式。

3.3.1.3　兰伯特变轨

兰伯特问题可描述为：根据航天器的初始位置 A 和目标位置 B 以及飞行时间 t_f，确定航天器的运行轨道。法裔德国籍天文学家、数学家和物理学家兰伯特（Lambert）（1728—1777）指出：航天器由 A 点到 B 点的飞行时间 t_f 与偏心率无关，仅取决于位置矢量的模的和 $r_1 + r_2$、长半轴 a，以及连接 A 点和 B 点的弦 c，如图 3-13 所示。即

$$t_f = \sqrt{\frac{a^3}{\mu}} [\alpha - \beta - (\sin \alpha - \sin \beta)] \qquad (3-132)$$

其中

$$\sin \frac{\alpha}{2} = \sqrt{\frac{s}{2a}} \qquad (3-133)$$

$$\sin \frac{\beta}{2} = \sqrt{\frac{s-c}{2a}} \qquad (3-134)$$

$$s = \frac{r_1 + r_2 + c}{2} \qquad (3-135)$$

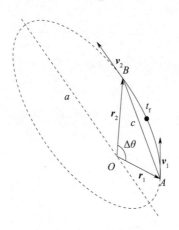

图 3-13　兰伯特问题

兰伯特变轨是当前远距离变轨研究的热点。利用兰伯特变轨，不仅可以实现异面轨道之间的转移，同时还可以将转移时间作为决策变量，对转移的过程以及转移的能量进行优化。下面详细介绍邦德（Bond）等提出的求解兰伯特问题的全局变量法的步骤。

1）选取一个顺行轨道（$0° < i < 90°$）或逆行轨道（$90° < i < 180°$），通过式（3-136）或式（3-137）计算 $\Delta \theta$

$$\Delta \theta = \begin{cases} \arccos\left(\dfrac{\boldsymbol{r}_1 \cdot \boldsymbol{r}_2}{|\boldsymbol{r}_1||\boldsymbol{r}_2|}\right), (\boldsymbol{r}_1 \times \boldsymbol{r}_2)_z \geqslant 0 \\ 360° - \arccos\left(\dfrac{\boldsymbol{r}_1 \cdot \boldsymbol{r}_2}{|\boldsymbol{r}_1||\boldsymbol{r}_2|}\right), (\boldsymbol{r}_1 \times \boldsymbol{r}_2)_z < 0 \end{cases} \text{，顺行轨道}$$

$$(3-136)$$

$$\Delta\theta = \begin{cases} \arccos\left(\dfrac{\boldsymbol{r}_1 \cdot \boldsymbol{r}_2}{\mid \boldsymbol{r}_1 \mid \mid \boldsymbol{r}_2 \mid}\right), (\boldsymbol{r}_1 \times \boldsymbol{r}_2)_z < 0 \\ 360° - \arccos\left(\dfrac{\boldsymbol{r}_1 \cdot \boldsymbol{r}_2}{\mid \boldsymbol{r}_1 \mid \mid \boldsymbol{r}_2 \mid}\right), (\boldsymbol{r}_1 \times \boldsymbol{r}_2)_z \geqslant 0 \end{cases}, \text{逆行轨道}$$

$$(3-137)$$

2）利用式（3-138）计算 Q

$$Q = \sin \Delta\theta \cdot \frac{\sqrt{\mid \boldsymbol{r}_1 \mid \mid \boldsymbol{r}_2 \mid}}{\sqrt{1 - \cos \Delta\theta}} \qquad (3-138)$$

3）取 $z_0 = 0$，采用牛顿迭代法，利用式（3-139）、式（3-140）和式（3-141）解出 z。由 z 的符号可知轨道类型为双曲线（$z < 0$）、抛物线（$z = 0$），还是椭圆（$z > 0$）

$$F(z) = \left[\frac{y(z)}{C(z)}\right]^{1.5} S(z) + Q\sqrt{y(z)} - \sqrt{\mu}\Delta t \qquad (3-139)$$

$$F(z) = \begin{cases} \left[\dfrac{y(z)}{C(z)}\right]^{1.5}\left\{\dfrac{1}{2z}\left[C(z) - \dfrac{3}{2}\dfrac{S(z)}{C(z)}\right] + \dfrac{3}{4}\dfrac{S(z)^2}{C(z)}\right\} + \\ \dfrac{Q}{8}\left[3\dfrac{S(z)}{C(z)}\sqrt{y(z)} + Q\sqrt{\dfrac{S(z)}{C(z)}}\right], z \neq 0 \\ \dfrac{\sqrt{2}}{40}y(0)^{1.5} + \dfrac{Q}{8}\left[\sqrt{y(0)} + Q\sqrt{\dfrac{1}{2y(0)}}\right], z = 0 \end{cases}$$

$$(3-140)$$

$$z_{i+1} = z_i - \frac{F(z_i)}{F'(z_i)} \qquad (3-141)$$

4）由式（3-142）计算 $y(z)$

$$y(z) = r_1 + r_2 + Q\frac{zS(z) - 1}{\sqrt{C(z)}} \qquad (3-142)$$

5）由式（3-143）计算拉格朗日函数 f，g，$\dot{f}$，$\dot{g}$

$$\begin{cases} f = 1 - \dfrac{y(z)}{r_1} \\[2mm] g = Q\sqrt{\dfrac{y(z)}{\mu}} \\[2mm] \dot{f} = \dfrac{\sqrt{\mu}}{r_1 r_2}\sqrt{\dfrac{y(z)}{C(z)}}\,[zS(z)-1] \\[2mm] \dot{g} = 1 - \dfrac{y(z)}{r_2} \end{cases} \qquad (3-143)$$

6）利用求得的拉格朗日函数 f，g，$\dot{f}$，$\dot{g}$，由式（3-144）即可计算得到 v_1 和 v_2

$$v_1 = \frac{1}{g}(\boldsymbol{r}_2 - f\boldsymbol{r}_1)$$

$$v_2 = \frac{1}{g}(\dot{g}\boldsymbol{r}_2 - \boldsymbol{r}_1) \qquad (3-144)$$

7）得到 v_1 和 v_2 后，可通过算法用 $\boldsymbol{r}_1$ 和 v_1（或 $\boldsymbol{r}_2$ 和 v_2）计算求出转移轨道的轨道根数，从而确定航天器运行的转移轨道。

3.3.2　近距离变轨理论

脉冲式相对机动，是指航天器通过发动机提供一个或多个瞬时速度增量来进行相对机动。在脉冲式轨道机动中，各次脉冲均以瞬时速度增量的形式出现。

正如前面所述，当航天器之间的相对距离远远小于它们的轨道半径时，航天器相对运动的动力学模型可采用 T-H 方程 ［式（3-72）］或 C-W 方程 ［式（3-91）］。在不考虑摄动力和控制力的情况下，两组方程都可求得状态转移矩阵，分别为式（3-87）和式（3-95）。本节以圆参考轨道下 C-W 方程的状态转移矩阵为例，建立脉冲式相对机动动力学模型。

在圆参考轨道中，当航天器之间的相对距离远远小于它们的轨道半径时，航天器相对运动的动力学模型可采用 C-W 方程。在不考虑摄动力和控制力的情况下，可求得状态转移矩阵，形式如下

$$\boldsymbol{\varphi}(t,t_0) = \begin{bmatrix} \boldsymbol{\varphi}_{11}(t,t_0) & \boldsymbol{\varphi}_{12}(t,t_0) \\ \boldsymbol{\varphi}_{21}(t,t_0) & \boldsymbol{\varphi}_{22}(t,t_0) \end{bmatrix} \tag{3-145}$$

其中

$$\boldsymbol{\varphi}_{11}(t,t_0) = \begin{bmatrix} 1 & 0 & 6(\omega\tau - \sin\omega\tau) \\ 0 & \cos\omega\tau & 0 \\ 0 & 0 & 4 - 3\cos\omega\tau \end{bmatrix}$$

$$\boldsymbol{\varphi}_{12}(t,t_0) = \begin{bmatrix} 4\sin\omega\tau/\omega - 3\tau & 0 & 2(1-\cos\omega\tau)/\omega \\ 0 & \dfrac{\sin\omega\tau}{\omega} & 0 \\ 2(\cos\omega\tau - 1)/\omega & 0 & \sin\omega\tau/\omega \end{bmatrix}$$

$$\boldsymbol{\varphi}_{21}(t,t_0) = \begin{bmatrix} 0 & 0 & 6\omega(1-\cos\omega\tau) \\ 0 & -\omega\sin\omega\tau & 0 \\ 0 & 0 & 3\omega\sin\omega\tau \end{bmatrix}$$

$$\boldsymbol{\varphi}_{22}(t,t_0) = \begin{bmatrix} 4\cos\omega\tau - 3 & 0 & 2\sin\omega\tau \\ 0 & \cos\omega\tau & 0 \\ -2\sin\omega\tau & 0 & \cos\omega\tau \end{bmatrix}$$

式中，$\tau = t - t_0$。

记相对机动过程中，初始时刻主动航天器相对运动状态为 $\boldsymbol{X}(t_0)$，终止时刻的相对运动状态为 $\boldsymbol{X}(t_f)$

$$\boldsymbol{X}(t_0) = \begin{bmatrix} \boldsymbol{r}(t_0)^{\mathrm{T}} & \boldsymbol{v}(t_0)^{\mathrm{T}} \end{bmatrix}^{\mathrm{T}}$$

$$\boldsymbol{X}(t_f) = \begin{bmatrix} \boldsymbol{r}(t_f)^{\mathrm{T}} & \boldsymbol{v}(t_f)^{\mathrm{T}} \end{bmatrix}^{\mathrm{T}} \tag{3-146}$$

施加的各脉冲分别为 $\Delta\boldsymbol{v}_1, \cdots, \Delta\boldsymbol{v}_n$。用上标"$-$"表示脉冲作用前的状态，"$+$"表示脉冲作用后的状态，则对第 i 次脉冲，有

$$\begin{cases} \boldsymbol{X}^-(t_i) = \varphi(t_i,t_{i-1})\boldsymbol{X}^+(t_{i-1}) \\ \boldsymbol{r}^+(t_i) = \boldsymbol{r}^-(t_i) \\ \boldsymbol{v}^+(t_i) = \boldsymbol{v}^-(t_i) + \Delta\boldsymbol{v}_i \end{cases} \tag{3-147}$$

对于完整 n 脉冲相对机动，有

$$\boldsymbol{X}(t_f) = \boldsymbol{\varphi}(t_f,t_0)\boldsymbol{X}(t_0) + \sum_{i=1}^{n}\boldsymbol{\varphi}_2(t_f,t_i)\Delta\boldsymbol{v}_i \tag{3-148}$$

式中，$\boldsymbol{\varphi}_2 = \begin{bmatrix} \boldsymbol{\varphi}_{21}^{\mathrm{T}} & \boldsymbol{\varphi}_{22}^{\mathrm{T}} \end{bmatrix}^{\mathrm{T}}$。

令

$$\Delta \boldsymbol{X} = \boldsymbol{X}(t_{\mathrm{f}}) - \boldsymbol{\varphi}(t_{\mathrm{f}}, t_0) \boldsymbol{X}(t_0)$$

$$\Delta \boldsymbol{V} = \begin{bmatrix} (\Delta \boldsymbol{v}_1)^{\mathrm{T}} & (\Delta \boldsymbol{v}_2)^{\mathrm{T}} & \cdots & (\Delta \boldsymbol{v}_n)^{\mathrm{T}} \end{bmatrix}^{\mathrm{T}}$$

$$\boldsymbol{F} = \begin{bmatrix} \boldsymbol{\varphi}_2(t_{\mathrm{f}}, t_1) & \boldsymbol{\varphi}_2(t_{\mathrm{f}}, t_2) & \cdots & \boldsymbol{\varphi}_2(t_{\mathrm{f}}, t_n) \end{bmatrix} \quad (3-149)$$

则方程（3-148）可改写为如下形式

$$\Delta \boldsymbol{X} = \boldsymbol{F} \Delta \boldsymbol{V} \quad\quad\quad (3-150)$$

判断方程组是否有解：若 $\mathrm{rank}(\begin{bmatrix} \boldsymbol{F}, & \Delta \boldsymbol{X} \end{bmatrix}) = \mathrm{rank}(\boldsymbol{F})$，则方程组有解；否则方程组无解。

当 $n=1$ 时，一般情况下，这是一个矛盾方程组。

当 $n=2$ 时，该方程组有唯一解

$$\Delta \boldsymbol{V} = \boldsymbol{F}^{-1} \Delta \boldsymbol{X} \quad\quad\quad (3-151)$$

当 $n>2$ 时，一般情况下，方程组的解不唯一，其通解为

$$\Delta \boldsymbol{V} = \boldsymbol{F}^{+} \Delta \boldsymbol{X} + (\boldsymbol{I} - \boldsymbol{F}^{+} \boldsymbol{F}) \boldsymbol{Y} \quad\quad (3-152)$$

式中　$\boldsymbol{F}^{+}$——$\boldsymbol{F}$ 的任意广义逆矩阵；

　　　$\boldsymbol{Y}$——任意 $3n \times 1$ 的向量。

当 $n=2$，即双脉冲相对机动时，机动方程存在唯一解。主动航天器在初始时刻施加第一次脉冲 $\Delta \boldsymbol{v}_1$，在终止时刻 t_{f} 施加第二次脉冲 $\Delta \boldsymbol{v}_2$，机动过程结束。此时方程（3-150）可写为

$$\Delta \boldsymbol{X} = \begin{bmatrix} \boldsymbol{\varphi}_{12} & \boldsymbol{0} \\ \boldsymbol{\varphi}_{22} & \boldsymbol{I} \end{bmatrix} \begin{bmatrix} \Delta \boldsymbol{v}_1 \\ \Delta \boldsymbol{v}_2 \end{bmatrix} \quad\quad (3-153)$$

对于椭圆参考轨道下的 T-H 方程，脉冲式相对机动动力学模型的建立过程相似，这里不再赘述。

3.4　卫星星下点与覆盖区计算模型

3.4.1　卫星的星下点轨迹计算

根据卫星所在的椭圆轨道的轨道要素（a，e，I，ω，Ω，t_P），

可根据下列步骤和方法求解出卫星星下点的位置。

3.4.1.1　求解偏近点角 E

根据开普勒轨道方程（3-55）可计算偏近点角 E。令

$$f(E) = E - e \cdot \sin E - M \qquad (3-154)$$

则有

$$\frac{\mathrm{d}f(E)}{\mathrm{d}E} = 1 - e \cdot \cos E \qquad (3-155)$$

$$0 < 1 - e \leqslant \frac{\mathrm{d}f(E)}{\mathrm{d}E} \leqslant 1 + e \qquad (3-156)$$

所以，函数 $f(E)$ 具有单调性，很适合用牛顿迭代法求解。建立求解偏近点角 E 的迭代方程式

$$E_{n+1} = E_n - \frac{f(E_n)}{f'(E_n)} \qquad (3-157)$$

选取初始值 $E_0 = 0$ 进行迭代，当

$$|E_{n+1} - E_n| < \varepsilon \qquad (3-158)$$

时，令真值

$$E = \frac{1}{2}(E_{n+1} + E_n) \qquad (3-159)$$

因函数的单调性，并且对于偏心率不太大的椭圆轨道来说，偏近点角 E 很接近平近点角 M，收敛速度很快，一般迭代 2~3 次即已收敛。在计算的过程中，为防止角度数值过大以致溢出，总是把角度 M，E 等正规化为 $(-\pi, \pi]$。

3.4.1.2　求解卫星的真近点角 θ

根据式（3-57）可以直接解算出真近点角 θ。

3.4.1.3　求解卫星的赤经和赤纬

赤经为从春分点向东到卫星位置矢量 r 在赤道面上的投影所转过的角度，用 φ_g 表示；赤纬为从赤道平面向北转到卫星位置矢量 r 的角度，用 λ_g 表示，见图 3-14。

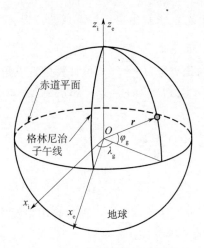

图 3-14　赤经和赤纬示意图

利用卫星的轨道面倾角 i、近拱点角距 ω、真近点角 θ、升交点赤经 Ω，根据球面三角形数学公式可求得赤经和赤纬。

赤纬

$$\varphi_g = \arcsin[\sin i \cdot \sin(\omega + \theta)] \qquad (3-160)$$

$$\varphi_g \in \left[-\frac{\pi}{2}, \frac{\pi}{2}\right] \qquad (3-161)$$

赤经

$$\lambda_g = \Omega + \arctan[\cos i \cdot \tan(\omega + \theta)] \qquad (3-162)$$

3.4.1.4　卫星星下点地理坐标位置

考虑地球为规则椭球，其椭圆剖面如图 3-15 所示。地理纬度 φ 和地心纬度 φ_g 存在下列关系

$$\tan \varphi = \frac{R_{ee}^2}{R_{ep}^2} \tan \varphi_g \qquad (3-163)$$

式中　R_{ee}——地球赤道半径；

　　　R_{ep}——地球极半径。

计算地理经度 λ 时必须考虑到地球的自转，它与赤道经度之间存在的关系为

$$\lambda = \lambda_i + \lambda_g - \omega_e(t - t_i) \qquad (3-164)$$

式中　λ_i——入轨点地理经度；

　　　ω_e——地球自转角速度，可取常值

$$\omega_e = 7.292\ 107\ 788 \times 10^{-5}\ \text{rad/s} \qquad (3-165)$$

　　　t_i——入轨点时刻，t，t_i 的单位均为 s。

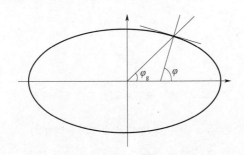

图 3-15　星下点地理位置

3.4.2　地面覆盖区数学模型

　　地面覆盖是指航天器的传感器在某时刻能够观测到的地球区域。在进行航天器在轨运行的二维仿真时，通常需要计算卫星或星座的地面覆盖区并进行仿真演示。本节主要介绍地面覆盖区的数学计算模型。

3.4.2.1　地心角的计算

　　假设地球为一圆球，设从航天器上看到的地球的角半径为 ρ，以及从航天器上观测到的地球圆盘相对地心的角半径为 λ_0，如图 3-16 所示。从图 3-16 中的几何关系可知

$$\sin \rho = \cos \lambda_0 = \frac{R_E}{|\boldsymbol{r}|} \qquad (3-166)$$

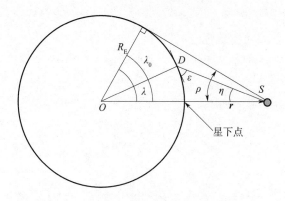

图 3-16　卫星、地心和地面某点之间的角关系

　　如图 3-16 所示，设卫星传感器的极限半角大小为 η，覆盖区边缘的某点为 D，D 点的航天器仰角为 ε，星下点至目标点相对于地心的张角（地心角）为 λ。下面给出它们三者之间的关系。若 λ 已知，η 可确定如下

$$\tan \eta = \frac{\sin \rho \cdot \sin \lambda}{1 - \sin \rho \cdot \cos \lambda} \tag{3-167}$$

　　若 η 已知，ε 可确定如下

$$\cos \varepsilon = \frac{\sin \eta}{\sin \rho} \tag{3-168}$$

　　对式（3-168）进行变换，则若 ε 已知，η 可确定如下

$$\sin \eta = \cos \varepsilon \cdot \sin \rho \tag{3-169}$$

　　另外，ε，λ，η 三者还有如下的关系

$$\eta + \lambda + \varepsilon = 90° \tag{3-170}$$

3.4.2.2　卫星覆盖区计算

　　为了完成卫星覆盖区的绘制，需求得卫星覆盖区边沿各点的经纬度。在计算覆盖区边沿各点的经纬度之前，需首先利用前面所述的公式求得覆盖区边沿的点与星下点之间的地心张角 λ，然后再利用张角 λ 计算经纬度。

　　假设地球为球体，则地面覆盖区在地球上为以星下点为圆心的

圆，如图 3-17 所示。图中 A 为星下点，过 A 点的经线与覆盖区圆相交于 M 和 N 两点，D 为覆盖区上的任意一点。设 A 点和 D 点的经度分别为 λ_A 和 λ_D，纬度分别为 φ_A 和 φ_D，如图 3-18 所示，在球面三角形 ADM 中有以下关系

$$a = 90° - \varphi_D \tag{3-171}$$

$$d = 90° - \varphi_A \tag{3-172}$$

$$\Delta\lambda = \lambda_D - \lambda_A \tag{3-173}$$

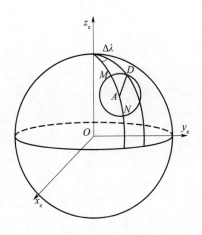

图 3-17　地面覆盖区

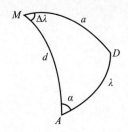

图 3-18　球面三角形

利用球面三角的计算公式，可得

$$\begin{cases} \cos a = \cos \lambda \cos d + \sin \lambda \sin d \cos \alpha \\ \sin\Delta \lambda = \dfrac{\sin \alpha \sin \lambda}{\sin a} \\ \cos\Delta \lambda \sin a = \sin d \cos \lambda - \sin \lambda \cos d \cos \alpha \end{cases} \tag{3-174}$$

根据式（3-172）和式（3-174），即可利用张角 λ，φ_A 和 α 求得 a 和 $\Delta\lambda$，进而求得 D 点的经纬度。变换 α 的值，即可求得覆盖区圆上各点的经纬度。

3.5　小结

本章主要对航天任务仿真中所需的航天动力学与数学基础知识进行了介绍，包括坐标系定义、轨道动力学基础、近距离相对轨道动力学、姿态动力学、远/近距离变轨理论、卫星星下点与覆盖区计算等内容，所涉及的内容可满足基本的航天任务仿真对动力学和数学知识的需求。

参 考 文 献

[1] 肖业伦. 航空航天器运动的建模 [M]. 北京：北京航空航天大学出版社，2003.

[2] 肖业伦. 航天器飞行动力学原理 [M]. 北京：宇航出版社，1995.

[3] 杨嘉墀. 航天器轨道动力学与控制 [M]. 北京：宇航出版社，1995.

[4] 刘延柱. 航天器姿态动力学 [M]. 北京：国防工业出版社，1995.

[5] 朱彦伟. 航天器近距离相对运动轨迹规划与控制研究 [D]. 长沙：国防科技大学，2009.

[6] 郑大钟. 线性系统理论 [M]. 北京：清华大学出版社：1992.

[7] LAWDEN D F. Optimal Trajectories for Space Navigation [M]. London：Butterworths，1963.

[8] TSCHAUNER J，HEMPEL P. Rendezvous Zu Einem in Elliptischer Bahn Umlaufenden Ziel [J]. Astronautica Acta，1965，11 (2)：104 – 109.

[9] YAMANAKA K，ANKERSEN F. New State transition Matrix for Relative Motion on an Arbitrary Elliptical Orbit [J]. Journal of Guidance, Control, and Dynamics，2002，25 (1)：60 – 66.

[10] ALFRIEND K T，VADALI S R，GURFIL P，et al. Spacecraft Formation Flying [M]. Oxford：Elsevier，2010.

[11] 刘延柱. 航天器姿态动力学 [M]. 北京：国防工业出版社，1995：82 – 85，90 – 94.

[12] CURTIS H D. 轨道力学 [M]. 周建华，等，译. 北京：科学出版社，2009.

[13] 袁建平，和兴锁，等. 航天器轨道机动动力学 [M]. 北京：中国宇航出版社，2010.

[14] HART R. 小卫星的单站跟踪定轨 [J]. 飞行器测控技术，1992，(1).

[15] WERTZ J R，LARSON W J. 航天任务的分析与设计（上、下）[M]. 王长龙，等，译，北京：航空工业出版社，1992.

[16] 程委，廖学军，李智. 基于 Vega Prime 与 OpenGL 的卫星在轨运行视景仿真 [J]. 装备指挥技术学院学报，2007，18 (6)：50 – 54.

第 4 章　分布式航天任务仿真框架

本章以航天任务仿真系统的组件化为目标，抽象出用于航天任务仿真系统组建的仿真组件，并建立起系统的组织原则，称为航天任务系统仿真框架。在航天任务系统仿真框架下，可以根据仿真的目标取不同的仿真组件，组成目标不同的仿真系统。

组建航天任务仿真系统的目的是为航天任务的规划和设计提供集成的分析、验证和有效载荷性能评估仿真环境，以及任务操作仿真环境。但它不是实时的虚拟环境仿真，而是一种以尽可能快的速度运行的分析仿真系统。

本章首先对航天任务仿真系统的仿真对象作出明确的界定。物理系统的复杂程度总是远超出理论研究的范围，为进行可信的仿真，必须进行一定的取舍。其次，从系统的角度在界定的仿真对象上执行仿真系统的组件化，组件化后的各组件作为独立仿真器件与其他组件一起组建仿真系统，并能够以一定的原则组合成复合组件。最后是基于航天任务系统仿真框架开发航天任务仿真系统的一般流程。

从航天任务的角度来看，航天任务系统仿真框架就是对航天任务系统进行划分，把不同因素的数学模型，例如任务规划、轨道确定、航天器动力学与控制和科学数据分析等，归到不同的仿真组件中进行实现。

4.1　航天任务系统仿真的界定

4.1.1　仿真对象的界定

现实中的航天系统是一个复杂的大系统，它包括航天器系统、航天运输系统、航天发射场系统和航天测控系统等，无人航天系统还包括航天应用系统，而载人航天系统则包括着陆场系统和航天员系统。本书的讨论限于无人航天系统，所以航天员系统不在考虑的范围内。

对于着陆场系统来说，虽然把它划在了载人航天系统中，但无人航天系统中也存在这一因素，例如返回式卫星等。考虑到它只对航天器的回收有意义，对于航天任务来说，关心的只是航天器的返回弹道和控制，因此这部分的仿真完全可以归入航天器动力学仿真的范畴。所以着陆场系统也不在航天任务系统仿真框架的考虑之内。

从航天任务的角度来看，航天运输系统主要负责把航天器投送到设计的轨道，而航天发射场系统则为航天运输系统提供发射服务，这两个系统与航天任务仿真的目标相关度不大。如果计入航天器的入轨精度，则可以直接对运输系统的控制精度建模，在此基础上考虑其对航天器入轨精度的影响，而不必把航天运输系统和航天发射场系统考虑在仿真框架内。所以在进行航天任务系统仿真时，忽略航天运输系统和航天发射场系统，航天任务仿真直接从航天器入轨开始。

综上所述，航天任务系统仿真框架把下列因素列为仿真对象：

1）航天测控系统；

2）航天器系统；

3）航天应用系统；

4）人-机交互。

事实上，人-机交互能力已经完全包含在航天测控系统中了，此处把它单独列出，目的是表明依照该仿真框架建立的仿真系统是一个人在回路中的仿真系统，而不是一个仿真运行后人就无法干预的仿真系统。它具有人-机交互的能力，不仅是分析仿真系统，还是操作仿真系统，特别是对于在轨攻防对抗来说，通过人-机交互能力可以进行攻防对抗的策略仿真。

另外，航天任务仿真系统只进行各仿真对象的功能仿真，而不考虑各对象的技术和设备的可靠性，除非采用了硬件在回路的仿真组件组织形式。下面就逐一分析上述各仿真对象参与仿真的功能。

4.1.2　航天测控系统

航天测控系统包括跟踪测轨系统、遥测系统、遥控系统、天-地通信与数据传输系统、数据处理系统、监控显示系统、地-地通信系统、时间统一系统和辅助支持系统。

跟踪测轨系统也称跟踪测量系统，其功能是使测控天线指向航天器，建立天地无线电链路，获取航天器相对测控天线的方向角、距离及径向速度等运动参数，用于确定航天器的运行轨道。航天任务仿真系统在建模时认为跟踪测量系统的跟踪功能是默认完成的，不存在是否准确跟踪的问题。测量功能是跟踪测量系统在航天任务仿真中考虑的主要因素，同时还包括跟踪测量的精度模型。

遥测系统的功能是接收在航天器上进行测量与组织收集的各种参数数据，这些数据通过下行无线电链路传送到地面，由遥测系统进行记录和处理，然后按要求发送到相应的用户。遥测系统的航天器数据测量与收集功能由航天器系统来实现，数据的地面记录和处理归于航天测控系统的仿真范围，数据的传输通过 RTI/LAN 模拟。

遥控系统的功能是指令生成、数据编码，以及把数据经上行无线电链路发送给航天器，对航天器进行实时控制或/和程序定时控制。航天任务仿真系统对遥控系统的指令生成、数据编码进行仿真，数据传输则经由 RTI/LAN 实现。

天-地通信与数据传输系统的功能是完成航天器与地面之间的话音、电报、图像和特种数据传递等，在航天任务仿真系统中主要关心有效载荷与地面应用之间的数据通信。

数据处理系统的功能是进行测量数据的加工、计算、分析，控制指令的生成、信息交换和对测控系统进行管理。航天任务仿真系统将考虑测量数据的加工、计算、分析，控制指令的生成和信息交换等功能，默认各个设备的工作状态是正常的，在仿真系统中不再考虑对测控系统的管理这一因素。

监控显示系统的功能是把数据处理系统处理后的数据、指挥控制人员关注的信息等进行汇集、加工和显示，为分析、决策和指挥控制提供依据。航天任务仿真系统具有自己的数据处理组件，这些组件用于仿真数据的可视化，同时提供数据记录、实时分析和事后分析功能，作为仿真系统运行时必不可少的监视窗口。

时间统一系统的功能是为测控系统提供统一的标准时间信号和标准频率信号，为系统的协调工作提供一致性的基础。航天任务仿真系统是一种以最大可能速度运行的分析仿真系统，认为仿真系统各组件的时间度量是统一的，时间推进是一致的，也就是说系统不对这一部分的功能进行仿真，而认为其是理想的和满足系统要求的。

辅助支持系统包括气象保障、大地测量保障、供配电、空调，以及海上测量船的定位和定向、船姿的测量等因素。这些因素为航天测控系统工作条件提供确定信息，在现实航天测控系统中起重要作用，但在仿真系统中并不计入这些因素，而认为它们都是理想的，仿真中计入的航天测控系统的各因素不受这些条件的影响。

4.1.3　航天器系统

航天器系统包括多个子系统，它们分别是：结构与机构子系统，热控子系统，导航、制导与控制（guidance, navigation and control, GNC）子系统，推进子系统，测控与通信子系统，数据管理子系统，电源子系统和有效载荷子系统，返回式航天器还包括返回着陆子系统。

结构与机构子系统的结构部分为航天器提供承力骨架，用于安装和支撑航天器其他子系统设备，也是航天器承受发射和空间运行时的各种力学因素和空间环境的主要部分。机构部分则主要包括开销机构、连接与分离机构、对接机构等。在航天任务仿真系统中，不进行航天器的结构强度仿真和机构动作分析，而只关心其与动力学相关的质量和质量分布等属性。

　　热控子系统的功能是保证航天器内部在各种复杂的环境中维持适当的温度，使航天器搭载的仪器设备、结构部件等能正常工作。该子系统对于航天器的可靠工作十分重要，但是对于航天任务仿真系统来说，由于不进行结构和机构的仿真，这一部分的仿真也只能对其功能和性能进行仿真，例如计算它的热控能力、耗能情况等。

　　GNC 子系统用于保持或改变航天器运行轨道和飞行姿态，也用于其他附属部件的控制。GNC 子系统是航天器工作的主要控制系统，也是航天器的核心系统。典型的 GNC 子系统由导航与姿态测量部件、控制部件和执行部件三部分组成。其中，导航与姿态测量部件用于测量航天器的位置和姿态信息；控制部件用于采集敏感器信息或接收各种指令，处理后送执行部件；执行部件则按指令执行控制操作，包括推力部件和力矩部件。GNC 子系统的组成如图 4 - 1 所示。航天任务仿真系统主要关注航天器的动力学与控制仿真，所以在对 GNC 各组成部件的功能仿真时，考虑的部件功能包括推力控制功能、力矩控制功能、指令的接收与解码功能、信息采集能力和航天器姿态确定功能。如果考虑进行航天器的半物理仿真，则 GNC 的所有部件都可以通过物理仿真的方式把航天器 GNC 子系统中除执行部件外的部分嵌入到仿真系统中，而执行部件的功能仍然采用数字仿真的方式进行。

　　推进子系统用于为轨道控制和姿态控制提供动力，这部分的功能也只把力元素作为仿真考虑的因素，而不考虑这种推进系统是液体火箭、固体火箭、还是电火箭。

　　测控与通信子系统与地面测控站配合工作，一方面使地面测控站能跟踪测量航天器的轨道，接收航天器发送的遥测数据，另一方面也接收测控站发送给航天器的遥控指令、数据等信息。航天任务仿真系统对航天器与地面测控站之间的通信数据进行建模，并为数据的传送提供编码和解码机制，而数据的传输则通过 RTI/LAN 进行模拟。

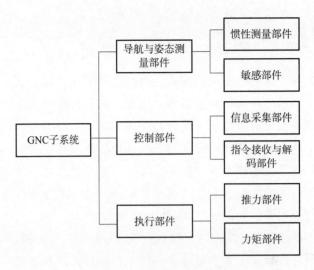

图 4 - 1　GNC 子系统的组成

　　数据管理子系统用于接收和存储各种程序和数据，实施程序控制任务，进行数据处理和数据组帧格式化，协调和管理航天器上各子系统的工作。航天任务仿真系统中存在数据管理子系统的因素，但没有对该子系统进行明确的建模，而是由软件以流程和数据结构的形式实现数据管理子系统的功能。

　　电源子系统为航天器提供电能，并根据航天器上各子系统的用电要求，对各供电部件进行负载分配、传输和控制管理。航天任务仿真系统对电源子系统的太阳能电池板的电量产生功能、电量在各耗能部分间的分配功能进行建模和仿真。

　　有效载荷子系统是航天任务的主要子系统，是安装在航天器上的专用仪器设备，但这一部分的因素直接与航天任务的应用性能相关，航天任务仿真系统把它归到航天应用系统中进行建模，在航天器系统中只考虑它作为客观事物存在的因素，例如质量等，并对满足其运行的先决条件提供支持。

　　返回着陆系统是保障返回式航天器准确返回地面并安全着陆的一个子系统。在航天任务系统仿真框架里，只对返回着陆进行动力学仿真，同样被归入航天器动力学仿真的范畴。

4.1.4　航天应用系统

在物理系统中，航天应用系统指的是对航天器有效载荷提供的服务进行应用的地面设备或设施。航天应用系统模型与航天任务的性质密切相关，不同的航天任务对应着不同的应用系统，例如对地观测卫星的有效载荷是红外、雷达等成像设备，导航卫星的有效载荷是导航信号发生设备等。就航天任务仿真系统来讲，这一类型的仿真组件只能提供其参与仿真的组件构架，具体的应用性能模型需要按不同的航天任务，建立对应的仿真实体模型。

由于应用设备模型与航天器有效载荷模型是一一对应的，所以，在航天任务仿真系统中，把地面应用设备和航天器有效载荷进行协调建模，即有什么样的有效载荷模型，就对应什么样的应用设备模型。也就是说，虽然航天器有效载荷在物理结构上属于航天器，但在功能上与航天应用密切相关，本章把有效载荷模型放在航天应用系统中进行建模。相应的，航天应用系统的模型就包括两个部分，一是有效载荷模型，二是应用终端模型。应用终端的实体模型可以不是设备模型，而是航天任务性能评估系统的抽象模型，例如导航卫星星座的地球覆盖率模型等，作为航天任务总体性能的评估系统。

4.1.5　人-机交互功能

在现实的航天任务中，人参与到航天任务中的作用是多方面的，虽然航天任务以航天器为核心，但所有的操作都是以人为主进行的，所以在航天任务系统仿真中应该留有人-机操作接口。航天任务系统仿真框架在进行人-机交互功能建模时，只在那些必须有人员参与的功能中考虑人员的参与模型。

在航天任务的生命周期中，所有的仪器、设备、程序和决策都由人完成，人在航天任务的执行过程中起着不可替代的作用。在航天器的入轨、运行的整个生命周期内，人通过航天测控系统对航天器的状态信息进行获取、分析。在通过人员的决策后，生成遥控指令经由航天测控系统的上行链路发送给航天器。指令由航天器的控制部件接收，经解码后交由航天器执行部件执行。

4.2 航天任务系统仿真框架的组件化分析

在已界定仿真对象的基础上，采用自上而下的设计方法，对航天任务系统仿真框架进行组件化分析。采用自上而下的方法进行系统设计的过程，就是从抽象到具体的过程，在这一过程中，为所有仿真关心的元素都给出了其归属，以便后续设计中进行具体实现。

首先是进行系统的组件化，组件化着眼点于系统构成、组件间的交互关系定义和组件的重用。此时，要求组件的实体模型独立性好、各组件间的交互关系明确、各组件的重用性强。为实现系统组建，各组件还会进行功能模块化，模块化主要着眼于功能的实现，这一点将在第 5 章中详述。

功能模块化是指把航天任务系统仿真框架的各组件再分割成不同的功能模块，强调的是系统的可维护性和可扩展性，要求这些功能模块可以具体、独立地实现，且在应用过程中进行维护与扩展。

4.2.1 航天任务系统仿真框架的组件化

所谓组件化是指把航天任务系统仿真框架中要考虑的仿真因素分割成不同的组件，按 HLA 的术语来讲，就是分割成不同的联邦成员。这些组件是直接构成航天任务仿真系统的、能够独立运行的仿真器。

图 4-2 是航天任务系统仿真框架中各组件的分析、集成示意图。从图中可以看到，人的因素在仿真框架中已经完全融合到控制中心组件中，人-机交互功能的实现则通过控制中心的交互界面实现。对于完整的仿真系统，数据处理系统是必不可少的，仿真数据表达也算作是人-机交互的一部分。

　　图 4-2 先把仿真关心的因素进行了分解，也是对各因素按仿真目的进行细化的结果；然后再把各细化的元素按彼此间联系的密切程度进行了组合；最终得到 6 个组件，它们分别是：控制中心、测控站、轨道器、姿态器、有效载荷和应用终端。

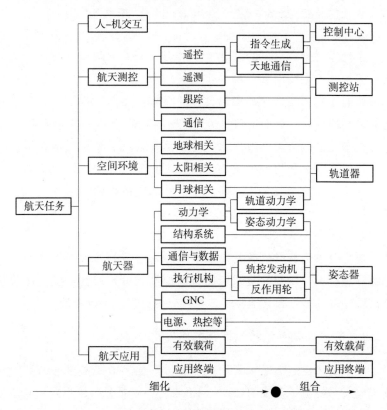

图 4-2　航天任务系统仿真框架关心的元素

　　在这 6 个组件中，控制中心和测控站用于完成航天测控系统仿真，有效载荷和应用终端用于进行航天应用系统仿真，轨道器用于完成航天器的任务环境仿真和为航天器系统仿真提供轨道和环境信息支持，而姿态器则用于进行航天器系统仿真，包括航天器姿态动力学及其控制仿真、遥测功能仿真和电源仿真等。

轨道器和姿态器两个组件都用于航天器仿真，之所以没有把二者合为一个组件的原因如下。

1）在系统框架内构建仿真系统时，有时只需要航天器的轨道动力学仿真支持，如果把轨道器和姿态器设计为一个组件，灵活性不足，重用性也会降低。

2）姿态器作为航天器系统仿真器，不必像轨道器那样是纯数字的，可以选择数字-物理混合仿真，分开设计有利于组件实现。

3）有利于降低复杂度。空间环境和航天器虽然关系十分密切，但放在一个组件里实现，势必增加组件的复杂程度，与组件化的初衷相悖。

图 4-2 中的有效载荷没有作为航天器系统的元素来考虑，而是作为航天应用系统的元素来考虑，设计的出发点是认为轨道器和姿态器为有效载荷提供动力学等方面的仿真支持，而有效载荷与应用终端才是关系紧密的两个部分。任何的星上载荷都含有两层意义，一是作为航天器的物理结构，二是作为功能部件。作为物理结构，它们是航天器本体结构的一部分，它们的物理特性，例如质量分布等，应包括在航天器仿真中。作为功能部件，强调的是它们的功能，是与应用终端密不可分的。在物理世界中，有效载荷是应用服务的提供者，应用终端是这种服务的使用者。在仿真世界中，有效载荷的功能就是一种服务，有效载荷是这种服务参数的提供者，而应用终端是这种参数的解析者，应用终端通过解析这些参数来评价服务的质量。轨道器和姿态器为有效载荷提供了基本的航天器定位、定向功能和其他仿真支持。

在航天任务系统仿真框架中，应用终端不仅是具体的应用型终端设备模型，还是一种服务评价体系的模型，可以对有效载荷的服务性能参数进行评价和评估。例如导航卫星星座仿真，有效载荷发布导航电文的参数模型。应用终端不仅可以模拟现实中的信号接收机的功能，通过解释参数确定自身的位置信息，还可以是一种服务评价系统。也就是说，应用终端可以是抽象的性能评价器，能够计算在确定的卫星分布态势下，星座导航功能的性能。例如信号覆盖域内的每一点在某一时刻能否完成定位，定位精度如何；整个星座对地球的全球覆盖率是怎样分布的，哪些地区的服务是优质的，哪些地区是不理想的；具体到某个区域，其在给定时间内的覆盖率是多少等。

　　为了便于系统的设计、开发与应用，航天任务系统仿真框架采用分层的办法按次序实现，这种分层是功能上的分层，也是逻辑上的分层。图4-3描述的是航天任务系统仿真框架进行分层的结果，共分三层，分别是航天测控系统仿真层、航天器系统仿真层和航天应用系统仿真层。航天测控系统仿真层是航天器系统仿真层的基础，而航天器系统仿真层又是航天应用系统仿真层的基础。

　　图4-3描述的是航天任务系统仿真框架中各组件的逻辑关系，它表明了各组件间的依存关系，同时也说明组织仿真系统时，可以视仿真目的选择不同的组件。航天器系统的三个组件，即轨道器、姿态器和有效载荷构成三角数据关系，因为它们是人为拆分的整体，数据应该互通。从整体上讲，各组件间的关系是一种有分支的链状结构，从控制中心开始，到超出航天测控系统仿真层后的任何一个组件，都是一个链段，也是一个仿真系统。航天测控系统仿真层是航天任务仿真的基础，在其基础上才能组建不同的仿真系统，进行航天器系统仿真和航天应用系统仿真。

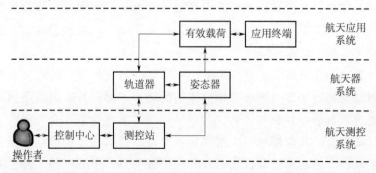

图4-3　航天任务系统仿真框架的分层与各组件间的关系

4.2.2　仿真系统的组合方案

航天任务系统仿真框架中的各组件如同积木，通过组合可以建立不同的仿真系统。按不同的仿真目的，航天任务系统仿真框架可以组建以下 5 种不同类型的仿真系统。

1）航天测控设施评估系统。组建该仿真系统只需按图 4 - 3，沿操作者→控制中心→测控站→轨道器，取 3 个组件，仿真系统的设计重点在于测控站的设备模型及其位置参数的设置和任务航天器的轨道模型选择。该系统可以评估测控系统能否满足给定轨道的航天任务测控要求。由于是对测控能力进行评估，所以只需要任务航天器的轨道数据作为航天测控系统仿真的支持，而无需姿态器等组件的参与。图 4 - 4 就是航天测控设施评估系统的组成和组件设计重点示意图。图中对控制中心没有添加任何说明，表明控制中心可以采用理想模型而无需做任何扩展。在以后 4 个系统的描述中，没有添加任何说明的组件都是指可以使用理想模型的组件。

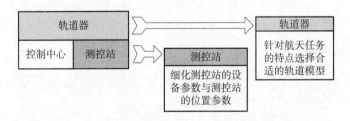

图 4 - 4　航天测控设施评估系统及其设计重点

2）航天器轨道动力学仿真系统。组建该仿真系统按图 4 - 3，沿操作者→控制中心→测控站→轨道器，取 3 个组件。如图 4 - 5 所示，该系统与航天测控设施评估系统的组成相同，但该仿真系统的重点在于航天器的轨道动力学性能评估，所以测控系统的模型可以适当简化，只对其测控通信功能进行建模，而重点在于对航天器的轨道模型进行建模，适用于航天任务初始设计时的总体性能评估。

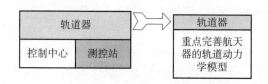

图 4 - 5　航天器轨道动力学仿真系统及其设计重点

3）航天器仿真系统。组建该仿真系统按图 4 - 3，沿操作者→控制中心→测控站→姿态器→轨道器，取 4 个组件，结构如图 4 - 6 所示。该系统是航天器系统仿真框架内的一个主要仿真系统。它是在航天任务进入详细设计后针对航天器系统的仿真，它可以是纯数字仿真，也可以是数字-物理混合仿真。目前的航天器越来越复杂，无论是结构上，还是功能上都出现了一些数学模型无法精确表达的因素，采用数字-物理的混合模型将是比较合适的选择。航天器仿真系统主要用作航天器控制系统仿真，所以航天器的控制系统模型是该系统的主要关注对象，轨道器为航天器仿真提供轨道参数和环境参数支持，可以视仿真的需求选择轨道模型的精度。在确定航天测控系统能够满足航天任务需求的情况下，航天测控系统模型可以简化，以实现其测控功能为目的，减少系统的复杂程度。

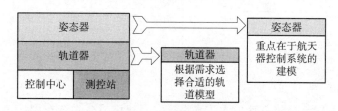

图 4 - 6　航天器仿真系统及其设计重点

4）航天任务应用性能评估系统。组建该仿真系统按图 4 - 3，沿操作者→控制中心→测控站→轨道器→有效载荷→应用终端，取 5 个组件，如图 4 - 7 所示。该系统是为进行航天任务应用性能评估而设计的，也是进行航天任务总体性能评估的仿真系统。之所以称之为航天任务应用性能评估系统而不是航天应用仿真系统，是因为该系统并没有对应用系统进行建模，而只是对应用载荷的性能进行建模，是总体层面的仿真。

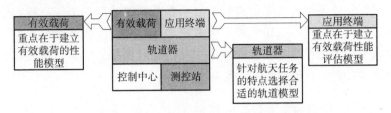

图 4-7　航天任务应用性能评估系统及其设计重点

由于是总体层面的性能评估，所以只需要轨道参数的支持，可以视需要选择合适精度的轨道动力学模型。没有加入姿态器组件并不是说仿真中可以缺少航天器的姿态数据，而是认为航天器的控制系统是可靠的，航天器的姿态总能满足航天任务的需要。该航天任务应用性能评估系统设计的重点，在于建立有效载荷的性能模型，用参数模型描述航天器应用载荷的性能，这些参数最终将被应用终端所解析，用于有效载荷性能的评估。

5）航天任务仿真系统。组建该仿真系统按图 4-3，沿操作者→控制中心→测控站→姿态器→轨道器→有效载荷→应用终端，使用了全部 6 个组件，如图 4-8 所示。该仿真系统是航天任务系统仿真

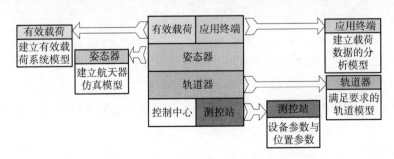

图 4-8　航天任务仿真系统及其设计重点

框架中最全面的仿真系统，它的使命是进行航天任务的运行操作仿真。该仿真系统应该对所有组件进行细致建模，作为航天器发射入

轨前最后的全系统模拟和航天器在轨运行的操作模拟。作为全系统仿真，并兼有航天任务运行模拟的特点，它可以在任务航天器入轨前进行任务模拟，也可以在任务航天器某系统的部件出现故障时进行故障抢救模拟，提供决策参考数据。此系统中的有效载荷和应用终端不再作为性能评估模型，而应该是针对载荷设备建模的载荷模型，进行科学数据的模拟生成和处理。

4.2.3　组件间的交互数据分析

完成系统的组件化和框架内的各仿真系统分析后，需要确定各个组件间的数据交互关系和交互数据。数据交互关系的确定和交互数据的定义是组件化的一个重要步骤，如果这个步骤无法完成，以上的工作都将变得毫无意义。本节只对交互数据进行定性的分析，而不进行实际数据的明确定义。虽然在前面的分析中，有效载荷被归于航天应用系统，但它是航天器系统的组成部分，在数据上也与轨道器和姿态器具有密切的联系，所以在进行交互数据分析时仍认为有效载荷是航天器系统的一个组件。针对航天器系统中的轨道器、姿态器和有效载荷三个组件，认为姿态器是组长组件，负责与其他系统间的数据交互，当姿态器欠缺时，则由轨道器负责。作为航天器系统的三个组件，它们之间的数据分割是人为造成的，所以需要通过数据通信互通有无。

表4-1就是航天任务系统仿真框架中各组件间的交互数据分析，从表中可以看出，交互数据主要集中在测控站和航天器系统各组件上，这是合理的。因为在现实的物理系统中，也属测控站与航天器间之所以存在数据交互最为频繁和多样。航天器各组件间的数据交互，主要是因为它们是整体中的一部分，当然也存在航天器之间进行数据交互的成分。

表 4 - 1　各组件间的交互数据分析

发出＼接收	控制中心	测控站	轨道器	姿态器	有效载荷	应用终端
控制中心		遥测数据 测量数据 属性数据 通信数据				
测控站	站指令 星指令 属性数据 通信数据		轨道数据	测量数据 通信数据	通信数据	
轨道器		轨控指令 载荷指令	轨道数据 其他数据	轨控指令 姿态数据	载荷参数	
姿态器		轨控指令 姿控指令 载荷指令 其他指令	轨道数据 环境数据	姿态数据 其他数据	测量数据 载荷数据	
有效载荷		通信数据	轨道数据 环境数据	载荷指令 姿态数据	载荷数据	通信数据
应用终端		通信数据			通信数据 载荷数据	

组件间交互数据的分析表明：本节的组件化是成功的，组件间交互数据简单，关系明确，有利于系统的设计和实现。

4.3　航天任务系统仿真框架

在第 4.2 节中完成的组件化，所得的各组件都是与物理系统相关的因素。从科学研究的角度看，仿真系统优于现实物理系统的一个重要因素就是仿真系统的可观测性。可观测性是指，仿真系统产生的数据可以被详细记录，并可以运用各种数学方法和计算机等辅助手段对其进行分析和表达。所以，作为一个完整的仿真系统，数据记录和处理组件是必不可少的，它们是仿真系统的重要辅助组件。

4.3.1　数据处理组件

在航天任务系统仿真框架中，数据的处理需求包括两个方面，一是记录，二是表达。数据表达又可以分为实时处理和事后处理两类，如图 4 - 9 所示，实时处理与事后处理又都可以分为曲线、报表、视景仿真和文字输出。之所以把数据处理组件设计成兼有实时数据处理和事后数据处理两种功能，是因为航天任务系统仿真作为科学仿真系统，在仿真过程中需要进行适时的仿真结果观察，以判断仿真是否按设计进行，同时也需要仿真数据的事后处理功能，作为技术人员进行科学研究和详细分析的依据。

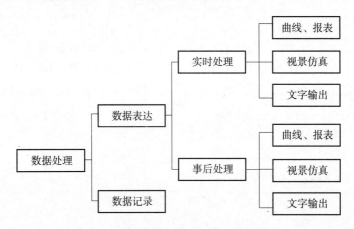

图 4 - 9　数据处理组件的功能

数据处理组件的主要功能是对仿真数据进行存储和表达，使得仿真组织者可以观察和分析仿真的结果。在进行仿真结果数据处理部分的设计时，将以仿真数据的记录为核心。鉴于航天任务仿真系统基于网络运行的本质，把数据处理组件设计成一个基于网络的数据库操作组件。它与 RTI 共用局域网络，但不通过 RTI 与其他组件进行数据交互，而是由各仿真组件通过网络将本身的仿真数据记录到数据库系统中。事实上，在航天任务仿真系统中，数据处理组件与其他组件具有完全不同的地位，它与 RTI 的地位是相当的，而与仿真组件的地位不同。但实质上，它又是仿真系统的一个组件，故在表达中并不把它与其他组件进行区别。

要完成数据处理组件的设计，首先要选择合适的数据库系统，要求具有并发数据写入能力和数据快速操作能力。设计的重点在于数据库的并发访问控制，数据存储格式的标准化，以及如何确保数据提取的逻辑顺序不被颠倒等。

在设计数据处理组件的数据表达功能时，面临的主要技术难点是视景仿真。视景仿真为仿真系统提供三维仿真场景的直观表达，便于仿真组织者观察仿真时的空间态势，分析仿真结果的正确性。数据处理组件通过数据库操作读取存储在介质里的数据，既可以完成实时数据处理，也可以完成事后数据处理。完整的仿真数据处理组件如图 4 - 10 所示。

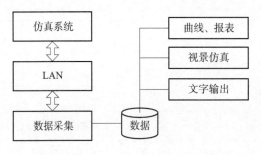

图 4 - 10　完整的数据处理组件示意图

该数据处理组件首先由各仿真组件通过网络将仿真数据写入数据库，然后由数据表达模块读取数据并进行相关的表达，例如视景仿真、图像输出等。至于数据表达是实时表达还是事后表达，则要视数据表达组件与仿真系统的运行状态确定。如果二者同时运行，就是实时表达；如果仿真系统已经运行结束，那就是事后表达。

在进行航天任务仿真系统设计时，为降低系统实现难度，只基于 Vega Prime 实现了仿真数据的三维视景仿真模块和基于文件的数据记录功能，前者通过接收 RTI 的交互数据实现模型的驱动，后者则通过仿真组件的文件写入实现数据记录功能。

4.3.2　航天任务仿真系统的组成与分类

完整的航天任务系统仿真框架由控制中心、测控站、轨道器、姿态器、有效载荷、应用终端和数据处理 7 个组件构成，如图 4 - 11 所示。控制中心实现航天器系统的指令控制、空间态势分析和显示；测控站负责航天器的跟踪测量、遥测、遥控和通信等；轨道器完成航天器的轨道动力学及空间环境表达；姿态器则负责除轨道动力学和有效载荷外的航天器仿真；有效载荷对航天器有效载荷的应用性能进行模拟，或进行航天器有效载荷系统仿真；应用终端完成有效载荷的性能评估或有效载荷系统仿真数据的分析处理工作；数据处理用于数据的记录和可视化等，为组织者进行仿真结果分析提供辅助手段。

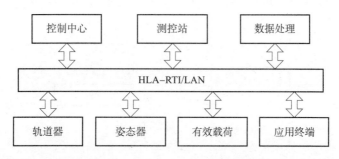

图 4 - 11　航天任务系统仿真框架

航天任务仿真系统的集成原则是 HLA 规则，即所有的组件都依照 IEEE 1516 HLA 标准进行开发，完成后的仿真组件通过 HLA - RTI 进行集成，共同完成仿真任务。在这个过程中，HLA - RTI 相当于一个软件的总线，而 LAN 则相当于硬件总线。

正如之前章节描述的那样，依照航天任务系统仿真框架，可以组建 5 种类型的仿真系统，这 5 种类型的仿真系统又可以视具体的情况各自细分成更具体的仿真系统。

1）航天测控设施评估系统。航天测控设施评估系统的一般构成如图 4-12 所示。在航天测控设施评估系统中，控制中心和测控站只有一个入盟，控制中心是相应物理系统中航天测控中心的抽象，测控站是现实物理系统中所有参与任务测控的测控站集合的抽象，提供多实体模型设置能力。例如中国有 N 个地面固定测控站，P 个航天测量船，不区分的统称为测控站，测控站联邦成员为这（$N+P$）个测控站分别提供实体模型。此时，测控站联邦成员的测控能力，是这（$N+P$）个测控站的测控能力的"并集"。轨道器可以有多个实例入盟，在图 4-12 中，轨道器模块标出的"S"是指可以加入 S 个轨道器，用于模拟具有 S 个飞行器的航天任务下航天测控设施的性能。在航天设施评估系统中，测控站是重点设计的组件，它不仅要完成航天测控系统的功能，还要完成测控站系统的仿真。数据处理组件是每个仿真系统都应该包含的，它是仿真数据分析的必然需要。

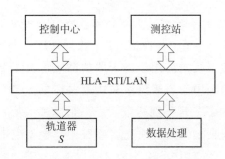

图 4-12　航天测控设施评估系统的组成

2）航天器轨道动力学仿真系统。航天器轨道动力学仿真系统对于航天任务来讲，其实是总体技术仿真系统，因为航天器的轨道动力学及控制是设计过程中对任务性能影响最大的因素，也是系统进行总体设计时首先考虑的因素。航天器轨道动力学仿真系统的组成如图 4-13 所示。从图中可以看出，航天器轨道动力学仿真系统和航天测控设施评估系统在组成上是相同的，但设计点各有所侧重。航天测控设施评估系统的设计重点在于测控站设备参数的建模，航天器轨道动力学仿真处于支持地位，只要轨道动力学模型能够满足要求就可以。航天器轨道动力学仿真系统的设计重点在于航天器的轨道动力学模型的细化，测控系统仿真处于支持地位，只要能完成测控系统的功能就可以，不对航天测控系统的性能参数作过高的要求。入盟不同个数的轨道器模块，可以实现单航天器轨道动力学仿真和多航天器轨道动力学仿真，包括单星入轨、轨道对抗等。

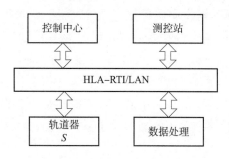

图 4 - 13　航天器轨道动力学仿真系统的组成

3）航天器仿真系统。航天器仿真系统的组成如图 4 - 14 所示，它由 1 个控制中心、1 个测控站、1 个数据处理、S 个轨道器和 C 个姿态器组成。该系统主要用于航天器的系统仿真，重点在于姿态器组件的设计。控制中心、测控站和轨道器都是为姿态器提供仿真支持的。轨道器和姿态器分别标以"S"和"C"，表示可以分别将多个轨道器和姿态器加入同一个仿真系统中，也就说可以进行多航天器仿真，但在实际应用中，2 个或 2 个以上航天器共同进行系统仿真的情况并不多见。常用的仿真是单航天器仿真、两航天器的交汇对接仿真和多航天器的编队飞行仿真。一般情况下，每个姿态器都需要一个轨道器提供轨道动力学仿真支持，但并不是每个轨道器都会对应一个姿态器。在空间对抗中的非撞击杀伤、干扰等情况下，只需目标飞行器的轨道参数支持就足够了，此时仿真系统中姿态器的个数会少于轨道器的个数。但无论在什么情况下，姿态器的个数永远都不应该多于轨道器的个数，即 $S \geqslant C$ 恒成立。

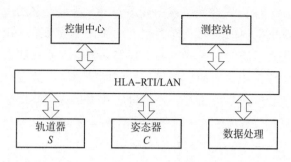

图 4 - 14　航天器仿真系统的组成

4）航天任务应用性能评估系统。如图 4 - 15 所示，航天任务应用性能评估系统由 1 个控制中心、1 个测控站、1 个数据处理、S 个轨道器、S 个有效载荷和 T 个应用终端组成。该系统中并没有加入姿态器组件，所以在仿真过程中航天器的姿态和其他支持与管理是以理想状态考虑的，也就是认为航天器的姿态控制和电源、热控等能够满足航天任务的需求。在现实的物理系统中，有效载荷总是安装在航天器上，所以在仿真系统中有效载荷数目必然与轨道器数目相对应，而应用终端组件并没有对应要求。航天任务应用性能评估系统主要用于载荷应用性能评估，仍然是一个航天任务总体性能评估系统。

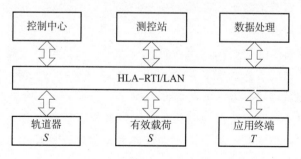

图 4 - 15　航天任务应用性能评估系统的组成

5）航天任务仿真系统。典型的航天任务仿真系统是由 1 个控制中心、1 个测控站、1 个数据处理、S 个轨道器、C 个姿态器、P 个

有效载荷和 T 个应用终端组成。如图 4 - 16 所示，它使用了航天任务系统仿真框架中的所有组件类型。航天任务仿真系统作为航天任务的操作仿真系统时，控制中心、测控站、轨道器和姿态器都应该提供与现实任务相适应的模型设置。同时，要求有效载荷组件进行航天器有效载荷的系统仿真，提供科学数据供应用终端进行分析与评估，验证有效载荷性能和应用终端的数据处理能力。

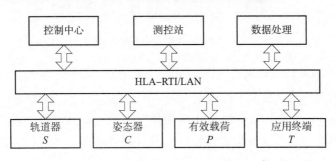

图 4 - 16　航天任务仿真系统的组成

如果航天任务系统仿真框架用于航天任务工程实施的验证、分析和操作仿真，则从地面测控设施的评估，到任务的规划、论证，再到工程具体设计的验证与分析和航天任务的操作仿真，直到最后应用系统的性能评估与科学数据分析能力的验证，框架可以提供一系列的仿真系统用于不同阶段的任务仿真。

这些仿真系统是一个连续开发的过程，并非彼此独立。先期开发的组件可以直接用到后续的仿真系统中。每组织一个新的仿真系统，需要做的工作只是针对工程的进展，对关心的问题进行建模、集成和测试，然后运行仿真系统。

一旦任务航天器设计完成，航天任务仿真系统也完成了所有开发，此时的仿真系统集成了航天任务系统中所有关心的元素的仿真模型，可以在航天器发射前进行航天器在轨运行的操作仿真和航天任务性能评估。

4.3.3 复合模块

航天任务系统仿真框架是一种组件集成和组合原则的定义，通过组件的组合可以获得具有新功能的复合组件，复合组件的功能是组成它的单个组件功能的合集，需要做的只是对组件按要求进行有限的扩展。

航天技术的发展，使得各种具有新特点的航天器层出不穷，而航天任务系统仿真框架不能，也不可能提供一个大而全的组件方案，但它却可以提供一个灵活的组件扩展和组合原则。

航天器的分离和对接在目前的航天任务中是十分常见的，在航天任务系统仿真框架中，无论是把能分离和对接的航天器从一开始就设计成复合的组件，还是设计成具有固定关联对象的单个组件，都失去了灵活性。本章在考虑这个问题时，采取了数据关联的方法来实现这种关系。数据关联是一种虚拟关联，它只是在数据上进行关联处理，例如飞船 A，需要与空间站 B 进行对接，则对接后 A 的数据更新取于 B；而一旦分离，A、B 就各自计算自己的数据。数据关联在进行航天器的对接与分离时，需要设置的只是一个关联对象而已，具有极大的灵活性。

数据中继卫星（tracking and data relay satellite，TDRS）是一种具有数据跟踪与中转功能的在轨飞行器，完全可以由轨道器和有效载荷进行组合而得到。此时需要针对 TDRS 的功能设计有效载荷的模型，这种情况相当于把测控站搬到航天器上。也许这种组合采用轨道器与测控站更适合，只要把测控站的位置数据与轨道器的轨道参数进行关联就可以了，剩下的就是去掉测控站的多站属性，并对测控区域计算模型等进行对应的更改。

4.4 基于框架的航天任务仿真系统开发流程

航天任务系统仿真框架只是为建立航天任务仿真系统提供了一

个系统级的组织框架，使得新仿真系统的开发可以在已有工作的基础上，最大限度地重用已有的组件，组建仿真系统。由于组件的交互数据具有明确、通用的定义，每个仿真组件只需接收自身感兴趣的由其他组件发出的数据，并发出自身的数据，而不细究其他仿真组件的内部实现，因而各个组件具有很好的扩展性和重用性。

航天任务仿真系统的开发首先要有明确的仿真目的，在这个方向的指引下，才能确定哪些是已经拥有的组件，哪些是需要新开发的组件。

由于航天任务系统仿真框架是一种系统组织原则和组件开发原则，所以通过使用该框架，可以产生许多不同模型精度、不同功能、不同用途的航天任务仿真组件，这些组件所构成的集合称为组件库。基于航天任务系统仿真框架组建的仿真系统越多，组件库就会越全面，可供选择的组件就更多，创建新的仿真系统也就越容易。

以航天任务系统仿真框架为基础的航天任务仿真系统设计具有自身特有的流程，它具有对已有工作的继承能力和灵活的组件扩展能力。

图 4-17 是基于航天任务系统仿真框架开发航天任务仿真系统的一般流程。依据航天任务系统仿真框架开发仿真系统时，首先要做的工作就是查询组件库，评估库中的组件是不是可以应用到目标系统的组建。如果有合乎要求的组件就可以直接使用；如果稍有差异则可以在原组件基础上进行更改或扩展；但如果没有具有重用价值的组件，就要计划开发新的组件。为了便于后续系统的使用，新组件的开发必须完全遵守航天任务系统仿真框架的定义，并提供组件开发的详细说明文档，包括技术文档和 SOM 文档。

虽然依据这个流程开发仿真系统和按其他方式开发仿真系统一样，需要开展仿真目标的规划、仿真系统分析和仿真系统开发计划的制订等工作，但依据航天任务系统仿真框架进行航天任务仿真系统的开发，具有如下的优势。

1）提高了系统的集成度。由于航天任务系统仿真框架是基于

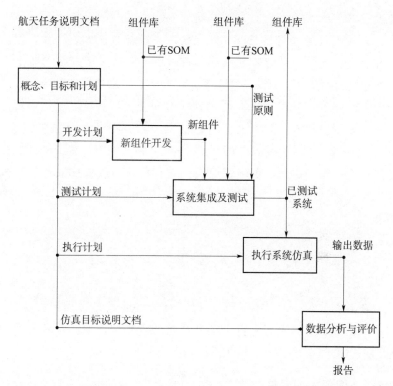

图 4-17 基于航天任务系统仿真框架的航天任务仿真系统开发流程

HLA 技术构造的,所以依据其他开发的航天任务仿真系统具有 HLA 分布式仿真所具有的一切优势,最基本的就是系统组件化。系统组件化的结果是降低了大规模仿真系统的系统复杂度,突破了单计算机计算能力对仿真应用规模的限制,有利于组建更大规模的仿真系统。

2)节约了系统开发成本。由于框架的组件定义、组件组合原则和系统组织原则的存在,使得仿真系统的开发可以把主要精力放在各组件的开发上,而不需要在仿真组件的定义和组件间的交互数据定义等方面做出更多的工作。这使得航天任务仿真系统的开发工作有规律可循,避免系统结构方案论证等重复性工作,节约了系统的开发成本。

3）降低了系统开发难度。航天任务系统仿真框架的存在，为仿真开发人员提供了系统开发依据，只需要了解所采用的技术对于系统实现的意义即可，无需对 HLA 分布式仿真技术进行全面的学习与理解，降低了系统开发的难度。HLA 分布交互仿真技术是一项新技术，在采用该技术进行系统设计时必然会经历学习和掌握的过程。里德（Reid）认为掌握 HLA 技术与学习并精通一门计算机语言的难度相当。但作者认为，更确切地说，这和让一个从未接触过计算机程序设计的人精通一门计算机语言的难度相当，甚至有过之而无不及。

4.5　分布式航天任务仿真中的几个问题

在开发分布交互式仿真系统时，有一些问题是必须要解决的，这些问题如果解决不好，将影响到系统的开发和使用。常见的问题包括逻辑时间系统、物理时间系统和仿真同步等。

4.5.1　逻辑时间系统

逻辑时间系统是联邦成员与 RTI 在时间表达方面取得一致的基础，是联邦成员与 RTI 进行时间沟通的唯一途径。它一方面完成联邦成员的逻辑时间表达，另一方面为 RTI 理解联邦成员逻辑时间提供解读手段。

对于航天任务仿真系统来讲，其仿真逻辑时间既要能满足航天任务系统对时间的高精度要求，又要能作为一段连续时间的时间标尺。

逻辑时间系统包括 6 个 HLA 标准类的继承类，表 4 - 2 是研究中常用的一组逻辑时间表达类的定义。

表 4 - 2 逻辑时间表达类

类名称	基类名称	说明
LogicalTimeDouble	LogicalTime	本地逻辑时间表达类
LogicalTimeIntervalDouble	LogicalTimeInterval	本地逻辑时间间隔表达类
LogicalTimeDoubleFactory	LogicalTimeFactory	逻辑时间指针生成类
LogicalTimeIntervalDoubleFactory	LogicalTimeIntervalFactory	逻辑时间间隔指针生成类
MyEncodedLogicalTime	EncodedLogicalTime	对本地逻辑时间编码类
MyEncodedLogicalTimeInterval	EncodedLogicalTimeInterval	对本地逻辑时间间隔编码类

LogicalTimeDouble 和 LogicalTimeIntervalDouble 两个类的数据表达类型都是 __int64，即 64 位整型数，时间单位为微秒（μs）。航天任务系统对时间精度的要求是相当苛刻的，但是精确到微秒级的时间表达精度已能完全满足当前任何形式的仿真需求。

当时间以 __int64 整型变量表达微秒时，__int64 有符号整型数的最大值为

$$0\mathrm{x7FFFFFFFFFFFFFFF} = 9\ 223\ 372\ 036\ 854\ 775\ 807\ \mu s$$
$$\approx 2\ 562\ 047\ 788.015\ 215\ 501\ 944\ 444\ 444\ 444\ 4\ h$$
$$\approx 106\ 751\ 991.167\ 300\ 645\ 914\ 351\ 851\ 851\ 85\ d$$
$$\approx 292\ 271.023\ 045\ 313\ 198\ 944\ 152\ 914\ 036\ 56\ a$$

虽然航天任务仿真系统需要进行航天任务的连续运行仿真，但也不可能组织物理时间超过 292 271 a（a 表示儒略年）的仿真。所以这组以 __int64 整型数为表达变量、以微秒为单位的逻辑时间类完全可以满足航天任务仿真系统的需求。

以下为这 6 个时间表达类的声明，可见该组时间表达类是一组与 RTI 和系统开发直接关联的数据表达，它一方面为联邦成员开发提供基本的逻辑时间表达，另一方面为 RTI 提供理解联邦成员时间表达的机制。

#ifndef__LOGICAL_TIME_LOCAL_H_
#define __LOGICAL_TIME_LOCAL_H_

```
//////////////////////////////////////////////////////
////    名    称:用于联邦成员时间表达和交换的类
//////////////////////////////////////////////////////
////用途:
////    1 用于联邦成员本地的时间表示;
////    2 用于联邦成员与 RTI 间的时间信息交换;
//////////////////////////////////////////////////////

// The __int64 datatype is not available in the GCC compiler.
#ifdef __gnu_linux__
typedef long long __int64;
#endif

// Microsoft has not implemented the swprintf function according
// to the ISO C standard. However, they have a function _snwprintf
// that matches the standardized prototype for swprintf.
#ifdef _WIN32
#define swprintf _snwprintf
#endif

class MyEncodedLogicalTime:public RTI::EncodedLogicalTime
{
private:
    RTI::VariableLengthValueClass _value;
    //I think the following variable is never used,so I comment them
//    void * _data;
//    size_t _size;
public:
    MyEncodedLogicalTime(const void * data,size_t size);
    virtual ~MyEncodedLogicalTime() throw ();
```

```
    virtual void const * data() const;
    virtual size_t size() const;
};

class MyEncodedLogicalTimeInterval:public RTI::EncodedLogical-
TimeInterval
{
private:
    RTI::VariableLengthValueClass _value;
    //I think the following variable is never used, so I
comment them
//    void * _data;
//    size_t _size;
public:
    MyEncodedLogicalTimeInterval(const void * data,size_t size);
    virtual ~MyEncodedLogicalTimeInterval() throw ();
    virtual void const * data() const;
    virtual size_t size() const;
};

class LogicalTimeIntervalDouble;

class LogicalTimeDouble:public RTI::LogicalTime
{
public:
    LogicalTimeDouble(double dValueInSecond);
    explicit LogicalTimeDouble(__int64 value);

    virtual ~LogicalTimeDouble()
    throw ();
```

virtual void setInitial();

virtual bool isInitial();

virtual void setFinal();

virtual bool isFinal();

virtual __int64 getSeconds() const;
virtual __int64 getMicros() const;

virtual void setTo(LogicalTime const & value)
　　throw (RTI::InvalidLogicalTime);

virtual void increaseBy(RTI::LogicalTimeInterval const & addend)
　　　　throw (RTI::IllegalTimeArithmetic,RTI::InvalidLogicalTimeInterval);

virtual void decreaseBy(RTI::LogicalTimeInterval const & subtrahend)
　　　　throw (RTI::IllegalTimeArithmetic,RTI::InvalidLogicalTimeInterval);

virtual std::auto_ptr< RTI::LogicalTimeInterval > subtract
(LogicalTime const & subtrahend) const
　　　　throw (RTI::InvalidLogicalTime);

virtual bool isGreaterThan (RTI::LogicalTime const & value) const
　　　　throw (RTI::InvalidLogicalTime);

virtual bool isLessThan (RTI::LogicalTime const &

```
value) const
        throw (RTI::InvalidLogicalTime);

    virtual bool isEqualTo(RTI::LogicalTime const & value) const
        throw (RTI::InvalidLogicalTime);

    virtual bool isGreaterThanOrEqualTo(RTI::LogicalTime const
& value) const
        throw (RTI::InvalidLogicalTime);

    virtual bool isLessThanOrEqualTo(RTI::LogicalTime const &
value) const
        throw (RTI::InvalidLogicalTime);

    virtual std::auto_ptr< RTI::EncodedLogicalTime > encode()
const;

    virtual std::wstring toString() const;

public:
    virtual std::auto_ptr < LogicalTimeDouble > operator +
(LogicalTimeIntervalDouble const & interval);

private:
    __int64 _value;
    friend class LogicalTimeDoubleFactory;
    friend class LogicalTimeIntervalDouble;
// friend class LogicalTimeFactoryDouble;
};

class LogicalTimeDoubleFactory:public RTI::LogicalTimeFactory
{
```

```
public:
    virtual ～LogicalTimeDoubleFactory()
        throw ();

    virtual std::auto_ptr< RTI::LogicalTime > makeInitial()
        throw (RTI::InternalError);

    virtual std::auto_ptr< RTI::LogicalTime > decode(RTI::En-
codedLogicalTime const & encodedLogicalTime)
        throw (RTI::InternalError,RTI::CouldNotDecode);
};

class LogicalTimeIntervalDouble:public RTI::LogicalTimeInterval
{
public:
    LogicalTimeIntervalDouble(double dValueInSecond);
    explicit LogicalTimeIntervalDouble(__int64 value);
    virtual ～LogicalTimeIntervalDouble()
        throw ();
    virtual void setZero();
    virtual bool isZero();
    virtual bool isEpsilon();
    virtual __int64 getSeconds() const;
    virtual __int64 getMicros() const;
    virtual void setTo(RTI::LogicalTimeInterval const & value)
        throw (RTI::InvalidLogicalTimeInterval);
    virtual std::auto_ptr< RTI::LogicalTimeInterval > subtract
(RTI::LogicalTimeInterval const & subtrahend) const
        throw (RTI::InvalidLogicalTimeInterval);
    virtual bool isGreaterThan(RTI::LogicalTimeInterval const &
```

value) const

　　　　throw (RTI∶∶InvalidLogicalTimeInterval)；

　　virtual bool isLessThan (RTI∶∶LogicalTimeInterval const &

value) const

　　　　throw (RTI∶∶InvalidLogicalTimeInterval)；

　　virtual bool isEqualTo(RTI∶∶LogicalTimeInterval const & value) const

　　　　throw (RTI∶∶InvalidLogicalTimeInterval)；

　　virtual bool isGreaterThanOrEqualTo(RTI∶∶LogicalTimeInterval const & value) const

　　　　throw (RTI∶∶InvalidLogicalTimeInterval)；

　　virtual bool isLessThanOrEqualTo (RTI∶∶LogicalTimeInterval const & value) const

　　　　throw (RTI∶∶InvalidLogicalTimeInterval)；

　　virtual std∶∶auto_ptr< RTI∶∶EncodedLogicalTimeInterval > encode() const；

　　virtual std∶∶wstring toString() const；

public∶

　　virtual std∶∶auto_ptr < LogicalTimeDouble > operator + (LogicalTimeDouble const & time)；

private∶

　　__int64 _value；

　　friend class LogicalTimeDouble；

　　friend class LogicalTimeIntervalDoubleFactory；

}；

class LogicalTimeIntervalDoubleFactory∶public RTI∶∶Logical-TimeIntervalFactory

```
{
public：
    virtual ～LogicalTimeIntervalDoubleFactory()
        throw ();

    virtual std：:auto_ptr< RTI：:LogicalTimeInterval > makeZero
()
        throw (RTI：:InternalError);

    virtual std：:auto_ptr< RTI：:LogicalTimeInterval > epsilon()
        throw (RTI：:InternalError);
    virtual          std：:auto_ptr<          RTI：:Logical-
TimeInterval            > decode (RTI：:EncodedLogical-
TimeInterval const & encodedLogicalTimeInterval)
    // throw (InternalError,CouldNotDecode);
    throw ();};
```

♯endif

4.5.2　物理时间系统

对于物理系统模型来说，由于模型的时间关联度很高，所以其时间表达是一个十分重要的问题，要为物理系统模型提供足够精确的时间表达，同时又要为操作人员阅读和数据输入提供便利。

虽然时间是客观的，但是计量时间的方法却是多样的。为了提供精确、连续的时间表达，航天系统多采用连续计时方法，以某一时刻点为基准，对时间进行精确、连续计量。常用的连续计时方法是计算从公元前 4713 年 1 月 1 日格林尼治平午起的天数，记为儒略日（Julian date）。儒略年规定为 365 平太阳日，每 4 年一个闰年，所以儒略年的平均年长为 365.25 平太阳日，每天为国际单位的86 400秒。

航天任务仿真系统也采用儒略计时方法作为航天器物理模型中的时间表达，计时单位为儒略日，数据表达类型为双精度浮点数（即 C++ 语言中的 double 类型）。

为了方便使用，航天任务仿真系统在进行物理模型的初值输入和仿真结果输出时，采用人们熟悉的格里（Gregorian）历，也就是公历。所以，这两种计时方法在使用中需要进行换算，以达到时间表达的一致。

物理时间系统需要完成以下功能：

1）格里历向儒略日（包括修改儒略日）的换算；

2）儒略日（包括修改儒略日）向格里历的换算。

在物理时间系统中，格里历向儒略日的转化是一项重要的内容，它可以把人们熟悉的格里历输入转化成航天任务仿真中常用的儒略日记时。

格里历向儒略日转化时使用如下的步骤计算，其中 Y，M，D 分别表示格里历的年、月、日值，方括号表示取整操作。

1）$y=Y$，$m=M$，$d=D$；

2）如果 $m=1,2$；$m=m+12,y=y-1$；

3）$a=[30.6001(m+1)]$；

4）如果时间在 1582 年 10 月 4 日前，$b=0$；如果时间在 1582 年 10 月 15 日后，$b=2-\left[\dfrac{y}{100}\right]+\left[\dfrac{y}{400}\right]$；

5）如果 $y<0$，$c=[365.25y-0.75]-694\,025$；如果 $y\geqslant0$，$c=[365.25y]-694\,025$；

6）$mdj=a+b+c+d$；

7）$jd=mdj+2\,415\,019.5$。

该方法与式（4-1）在 1900—2099 年间的计算结果完全一致，但具有更大的适应区间。式（4-1）的可用区间是 1900—2099 年；如果加入另外两项，如式（4-2），则其适用区间就扩大为 1801—2099 年，式（4-2）中 sign（ ）表示符号函数

$$JD = 367Y - \frac{7\left(Y + \frac{M+9}{12}\right)}{4} + \frac{275Y}{9} + D + 1\,721\,013.5$$

$$(4-1)$$

$$JD = 367Y - \frac{7\left(Y + \frac{M+9}{12}\right)}{4} + \frac{275Y}{9} + D + 1\,721\,013.5 -$$

$$0.5 \cdot \text{sign}(100Y + M - 190\,002.5) + 0.5 \qquad (4-2)$$

由儒略日向格里历的转化采用式（4-3），式中，JD 为输入儒略日值，是双精度浮点数；Y，M 和 D 为输出格里历的年、月、日值，小于 1 天的时、分、秒另行计算；方括号表示取整操作

$$\begin{cases} J = [JD + 0.5] \\ N = \left[\dfrac{4(J + 68\,569)}{146\,097}\right] \\ L_1 = J + 68\,569 - \left[\dfrac{N \times 146\,097 + 3}{4}\right] \\ Y_1 = \left[\dfrac{4\,000(L_1 + 1)}{1\,461\,001}\right] \\ L_2 = L_1 - \left[\dfrac{1\,461 \times Y_1}{4}\right] + 31 \\ M_1 = \left[\dfrac{80 \times L_2}{2\,447}\right] \\ D = L_2 - \left[\dfrac{2\,447 \times M_1}{80}\right] \\ L_3 = \left[\dfrac{M_1}{11}\right] \\ M = M_1 + 2 - 12 \times L_3 \\ Y = [100(N - 49) + Y_1 + L_3] \end{cases} \qquad (4-3)$$

在用 C++ 计算时，儒略日采用双精度浮点数表示，时间采用整型的年、月、日、时、分、秒和微秒计时。使用中发现，当格里历转化成儒略日后，再把该儒略日值转化为格里历时，将出现 20 微秒级的误差。分析认为，这是由儒略日用双精度浮点数表示时的截

断误差和舍入误差造成的。

按 IEEE 754 浮点数标准，双精度浮点数具有 52 位二进制位表示小数部分。对于精确数值来说，52 位二进制小数位余下的部分就无法表达，这部分称为截断误差，其最大值为

$$E_{\text{trun}} = 2^{-53} + 2^{-54} + 2^{-55} + \cdots + 2^{-\infty} = 2^{-52} \qquad (4-4)$$

当把具有该截断误差的二进制小数转化为十进制小数时，双精度浮点数只有 16 位精确数值，保留 17 位有效数字后，最后一位为舍入位，其造成的最大误差为

$$E_{\text{round}} = 5 \times 10^{-17} \qquad (4-5)$$

所以最后的误差为

$$E = E_{\text{trun}} + E_{\text{round}} = 2^{-52} + 5 \times 10^{-17} = 2.720\ 446 \times 10^{-16}$$
$$(4-6)$$

这个误差值的单位是儒略日，由于 2000 年 1 月 1 日时的儒略日为 2 451 545，相应的，2000 年附近的儒略日的量级为 10^6，占用 7 位有效数字，还剩下 10 位有效数字用于表达不足 1 天的小数部分。故把以儒略日为单位的误差转化为以微秒为单位

$$E = 2.720\ 446 \times 10^{-10} \times 86\ 400 \times 10^6 = 23.504\ 653 \qquad (4-7)$$

这便是用双精度浮点数表达儒略日时，从精确的格里历转化成浮点的儒略日后再转化为格里历时造成的误差。由于这项误差的存在，把格里历转化为儒略日后，再从儒略日转化为格里历时，计算不能完全回归，而是具有最大为 ±24 微秒的误差。认识到这项误差存在的原因，就可以在使用中避免这个问题或减小该误差引起的负面影响。

4.5.3　仿真同步

仿真同步包括 3 个方面的内容，一为联邦同步，即为联邦执行的同步点同步；二为逻辑时间与挂钟时间（客观时间）的同步，此种同步主要用于近实时仿真时的逻辑时间推进控制；三为时间同步。

联邦同步主要用作关键点的同步，而不是执行过程中的频繁同步。例如仿真开始前，需要所有需加入的联邦成员都入盟后才能开始仿真

执行，而实际操作过程中联邦成员的加入总会在时间上有一个先后顺序，不可能同时加入联邦执行。这时候就需要采用这种联邦同步操作，首先由创建联邦执行的盟员注册一个联邦同步点，要求其他联邦成员入盟后，先推进到此同步点所标记的时刻，并声明已到同步点，待所有盟员都声明到达同步点后，联邦执行就开始执行仿真。

IEEE 1516 标准中规定的 HLA 联邦同步操作涉及的服务如表4-3所示。

表 4-3　联邦同步操作相关的服务

序号	服务名称	说明
1	RegisterFederationSynchronizationPoint	注册联邦同步点
2	ConfirmSynchronizationPointRegistration	确认联邦同步点已注册（回调）
3	AnnounceSynchronizationPoint	声明已注册的联邦同步点（回调）
4	FederationSynchronized	联邦已同步通知（回调）
5	SynchronizationPointAchieved	（盟员）已到达联邦同步点

联邦同步操作的一般情形图如图 4-18 所示。对于一系列联邦执行范围内注册并声明的联邦同步点（first … last）来说，联邦执行内的每一个联邦成员都按该序列进行一系列的同步，从第一个开始直到最后一个。

联邦同步操作的一般过程如图 4-19 所示。图中盟员与 RTI 进行交互时所标的数字为表 4-3 所给的服务的序号。联邦同步时，先由联邦执行创建盟员使用 RegisterFederationSynchronizationPoint 服务注册一个联邦同步点（标志），如果注册成功，RTI 就会通过 ConfirmSynchronizationPointRegistration 服务给其回复一个回调以通知联邦同步点已注册。待同步点注册完成后，其他盟员在加入联邦执行时，RTI 会首先通过 AnnounceSynchronizationPoint 通知新入盟员存在该同步点，并通过数据告知其同步点的具体设置。新入盟盟员在推进到指定同步点时刻时，调用 SynchronizationPointAchieved 服务来通知 RTI 其已到达指定同步点，当所有的入盟联邦成员都已到达该同步点并通知 RTI 后，RTI 就会通过调用指定的 FederationSynchronized 服务给每个盟员一个联邦已同步的通知。

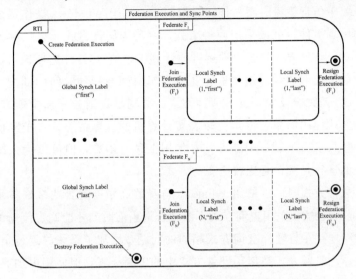

图 4-18　HLA 联邦同步操作

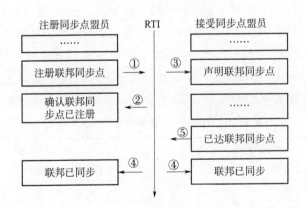

图 4-19　联邦同步的一般过程

　　鉴于 HLA 联邦同点的这个特点，仿真开始前，创建联邦执行的盟员在注册完成联邦同步点后，并不向 RTI 报告其已到同步点，而是在同步点等待，待所有的盟员都已加入联邦执行后，再调用 Synchronization PointAchieved 来通知 RTI 其已到同步点，从而起到仿真开始同步的控制作用。

　　关于仿真逻辑时间与挂钟时间同步，基于 Windows 操作系统开发的仿真组件，可以采用两种方式，一种为硬件方式，另一种为软件方式。硬件方式指为组件运行的计算机添加定时/计数器板卡，通过读取该板卡的计时输出取得仿真逻辑时间与挂钟时间的同步。使用定时/计数器板卡，也有两种方式，分别是查询方式和中断方式，查询方式使用简单，但是比较耗费计算机的计算资源，对于降低组件的运行负荷不利；中断方式在使用上稍有困难，但可以大大减轻系统的运行负载，是比较适合的方式。

　　软件方式则可以使用 Windows 自身的高精度时钟或多媒体定时器，前者也需要采用查询方式不断地查询当前时刻才能确定流逝的时间，同样存在与硬件查询方式相同的问题，增加了系统的运行负载。多媒体定时器方式类似于硬件方式中的中断模式，但使用更加灵活，无需新增加硬件，而且定时精度可以达到毫秒级，是不错的选择。

　　Windows 下多媒体定时相关的函数见表 4－4。使用中，一般用timeBeginPeriod 设定一个定时时钟，指定定时精度，然后调用 time-SetEvent 注册一个定时器，并指定定时时间和回调函数，使用完成后调用 timeKillEvent 关闭定时器。如果不再使用该多媒体定时器，最后一定要调用 timeEndPeriod 清除上次 timeBeginPeriod 的设置值。

表 4－4　Windows 下多媒体定时相关的函数

函数名称	说明
timeGetDevCaps	获取当前系统设置
timeGetSystemTime	获取系统时间
timeGetTime	获取系统时间
timeKillEvent	关闭定时器
TimeProc	默认的处理函数
timeSetEvent	设置定时器，指定定时时间和回调函数等
timeBeginPeriod	设置定时精度，最高 1 ms
timeEndPeriod	恢复系统默认值

4.6　小结

本章涉及航天任务系统仿真框架的总体设计，或者说是顶层设计，给出了航天任务仿真系统的组织原则，各组件的开发规则和组件的组合规则，并制订了依据该框架进行航天任务仿真系统设计时的一般流程。

该框架以倡导组件通用和重用为主要特点，在系统集成级别上提供了一种系统组织框架，每个完成的仿真组件都作为该框架的一项资源存于组件库中，组建的系统越多，开发的组件也越全面，组件库也更充实。相应的，新仿真系统的开发也就有更多的组件可供选择，系统开发的难度和代价也就越低，形成良性循环。

本章还提出了一些在航天任务仿真中常见的问题，包括逻辑时间系统问题、物理时间系统问题和仿真同步问题，并给出了相应的解决办法。

在航天任务系统仿真框架的基础上，后面的章节将对框架内各组件间的数据交互、时间同步机制、组件开发的软件构架等进行详细的分析和设计，最终实现完整的航天任务系统仿真框架。

参 考 文 献

[1]　SILBERBERG D，GOLDFINGER A，GERSH J，et al. Standards for distributed spacecraft modeling，simulation，and knowledge sustainment [C] //AIAA Space Technology Conference & Exposition. Albuquerque，NM，UNITED STATES，1999.

[2]　CHOO T H，SKURA J P. SciBox：A Software Library for Rapid Development of Science Operation Simulation，Planning，and Command Tools [J] .JOHNS HOPKINS APL TECHNICAL DIGEST，2004，25（2）：154－162.

[3]　HORNSBY J D，SORENSEN H B. Spacecraft Attitude Control Simulation [C] //Space 2004 Conference and Exhibit. San Diego，California，USA：American Institute of Aeronautics and Astronautics，Inc. ，2004.

[4]　SCHUM W K，DOOLITTLE C M，BOYARKO G A. Modeling and simulation of satellite subsystems for end－to－end spacecraft modeling [C] //Proceedings of SPIE － The International Society for Optical Engineering. Kissimmee，FL，United States：International Society for Optical Engineering，Bellingham WA，WA 98227－0010，United States，2006.

[5]　崔晓峰. 基于 HLA 的航天飞行任务联合仿真系统设计 [J] . 飞行器测控学报，2005，24（3）：22－26.

[6]　张占月，徐艳丽，曾国强. 基于 STK 的航天任务仿真方案分析 [J] . 装备指挥技术学院学报，2006，17（1）：48－51.

[7]　柯冠岩. 面向航天任务综合仿真的想定生成系统研究 [J] . 计算机仿真，2006，23（12）.

[8]　蓝朝桢，陈景伟，李建胜，等. 航天任务实时 3 维可视化仿真 [J] . 测绘科学技术学报，2007，24（1）：47－50.

[9]　LI Y H，LI Y，LIU J. An HLA based design of space system simulation environment [J] . Acta Astronautica，2007，61：391－397.

[10]　REID. An Evaluation of the High Level Architecture (HLA) as a Framework for NASA Modeling and Simulation ［C］//the 25th NASA Software Engineering Workshop. Goddard Space Flight Center，Greenbelt，Maryland，2000.

[11]　夏南银，张守信，穆鸿飞. 航天测控系统 ［M］. 北京：国防工业出版社，2002.

第 5 章　信息流

本章主要研究航天任务系统仿真框架设计中组件间的交互数据模型、数据在组件间的传递方向、方式和数据的编码方案等，即信息流。在仿真系统的执行过程中，信息流是不可见的，但对于仿真系统来说，它却是至关重要的，它是仿真系统进行数据通信的基础。

航天任务系统仿真包括大量数学模型的计算，本章只在系统设计与集成层面对航天任务仿真系统进行分析，仅给出了数学模型的归属组件，而没有细致描述。本章设计了数据的按区域分发过滤机制，建立了联邦对象模型，设计了数据编码/解码的统一编码方案，为航天任务仿真系统组件间的数据通信奠定了基础。

5.1　信息流的任务

信息流的任务主要有两个：一是为仿真系统各组件间的互操作提供交互数据定义；二是提供联邦执行范围内共同的数据理解机制。

信息流包括三部分内容：一是仿真组件间的交互数据建模，即联邦对象的定义；二是交互数据的传递方案设计；三是交互数据的数据编码与解码。其中，传递方案是指数据在系统中以什么样的机制进行有选择的传递。

交互数据在系统分析时确定，它决定了仿真系统中各组件间交互数据的性质和流向，是仿真系统组件化设计的必然结果。联邦对象定义使用 OMT 面向对象的建模方法对各交互数据进行建模，表达成不同的联邦对象。联邦对象的定义只有遵循 OMT 文档规范，才能为 RTI 所识别和管理，从而能在联邦执行范围内取得数据的一致理解。

RTI 采用发布/订购原理进行数据的传递，数据的分发管理都由 RTI 完成，而不是在组件间直接进行数据交互。联邦成员按自己的发布声明发送相应的数据给 RTI，RTI 再把这些数据分发给声明订购这些数据的其他入盟联邦成员。这个过程中，数据的分发过滤方案是由数据传递方案决定的。

HLA 提供两种数据过滤的机制，一是以类型为基础的订购/发布匹配，二是以区域为基础的数据选择分发。

HLA 把所有交互数据都定义成对象类或交互类的形式，称为联邦对象，每个联邦对象都有自己在联邦执行范围内唯一的名称标志。当联邦成员向 RTI 声明订购/发布时，都是针对某个联邦对象进行的，这样就提供了一种按类型区别数据的机制。

HLA IEEE 1516 标准还提供了数据按区域分发的机制，称为数据分发管理（data distribution management，DDM）。在使用 DDM 的情况下，所有联邦对象数据的发布/订购都与区域相绑定，只有订购区域与发布区域相交的情况下，数据才会得到分发。HLA 兼容仿真系统的数据分发机制必须依照 DDM 的规范进行设计，才能为 RTI 所认可和接受，并最终按照用户的预想进行数据的过滤和传递。

数据编码方案使得数据的发送方和接收方对 RTI 转发的数据拥有共同的理解，保证数据正确、可靠的传送与解析。通过明确的数据编码方案文档，各组件可以只参照数据编码文档就能正确完成数据的编码和解码工作，而无需相互间的协调，有利于系统的分割实现和组件的并行化设计。OMT 提供数据编码方案，但 OMT 并不管理数据的内容和意义，它只负责把数据按一定的规则进行打包，使其成为一个能在 RTI 中进行传递的二进制数据包，这个过程称为编码。反过来，把得到的数据包按照数据编码文档进行数据的解析，得到有意义数据的过程，则称为解码。

5.2　确定仿真系统的数据分发机制

按前文的预设，在航天任务系统仿真框架中，姿态器是航天器仿真组件中的组长组件。本节为描述方便，狭义地把航天器仿真仅仅局限在航天器本身的仿真，航天器仿真组件也只包括轨道器、姿态器和应用终端三个组件。

下面分析两种航天任务仿真系统，以便根据系统特点进行航天任务系统仿真框架的数据按区域分发机制设计。

考虑如下的仿真设置：某航天任务仿真系统中含有一个导航星座和一个用于干扰的航天器。要求星座的仿真只做到组座航天器的轨道仿真和有效载荷仿真，而干扰航天器则要完成动力学与控制仿真和有效载荷仿真。控制中心和测控站用于测控支持，应用终端用作效能评估系统。如图 5-1 所示，标有 1，2，…，N 的轨道器模拟的是组座的导航卫星，其有效载荷以相应数字标志，标有 0 的组件是干扰航天器的仿真组件。由于是干扰任务，干扰航天器的姿态器需要接收目标星座航天器的轨道数据以进行姿态调整和航天器管理，而目标星座的有效载荷也要接收干扰航天器的有效载荷发出的干扰数据，除此之外，目标星座内各航天器组件不会关心其他在座内的航天器组件的数据。在这种情形下，如果仅依靠对象类和交互类进行数据的按类型匹配过滤是不够的，例如，轨道器 1 不知道哪个数据是与本身相对应的有效载荷 1 发送的数据，只有在接收到以后才有机会进行判断，这样就给仿真组件和网络带来了不必要的负担。所以应该设计一个 spacecraft 维，区分航天器组件发出的数据，只有相适应的组件才会发生数据的交互，让每个航天器仿真组件可以有选择地接收其他航天器仿真组件发送的数据。

下面考虑在轨对抗的情况。假设仿真情形如下：空间中运行着两个航天器，每个航天器都可以在地面设施的支持下进行轨道机动，加入不同的控制策略，进行航天器的接近与规避。在组建任务仿

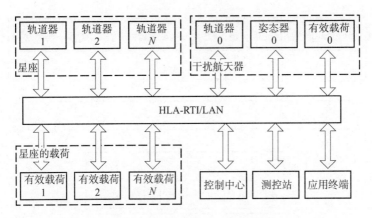

图 5-1　干扰任务仿真示意图

系统时，将包括三组仿真组件——A 组、B 组和 C 组，A 组和 B 组中都有一个航天器的轨道器组件、一个控制中心组件和一个测控站组件，而 C 组只包括控制中心、测控站和用于评估的数据处理组件，如图 5-2 所示。按仿真场景，A 组和 B 组是轨道对抗的对立双方，而 C 组是中立方或观察方。A 组与 B 组之间的组件不能进行互操作；C 组能够接收 A，B 的数据，但不提供任何数据。在这种情况下，三方的轨道器都订购了测控站的数据，如果仅靠对象和交互类的发布与订购来进行数据的过滤，只能在接收到数据之后才能区别出是对方的数据，还是己方的数据，这也是不合适的。所以需要定义一个判别各个仿真组件组别的 side 维，用以判断数据是由哪一方发出的，应该发送给哪些盟员。

　　在进行航天器的应用性能仿真时，也存在一种需要考虑用维来过滤数据的情况。为了达到联邦对象统一和重用的目的，把航天器有效载荷的交互数据定义成不定长度字节数组的形式，因为数据在类型上是一致的，所以在数据通信时无法通过类型进行选择分发。这样的设计使有效载荷数据的定义具有广泛的适应性，在设计新的有效载荷组件时无需更改联邦对象模型，但当一个仿真系统中存在多种有效载荷组件时，却无法实现有效载荷与其相应的应用终端模

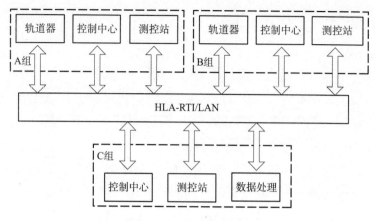

图 5-2　轨道对抗仿真示意图

块之间的数据匹配。同样的问题再次出现，组件只能在接收到数据后才能判断其是不是所需的数据。解决问题的途径仍然是添加一个新的维，即定义 payload 维，用来匹配有效载荷的类型，过滤这类数据。

5.2.1　维定义

在上文分析的基础上，基本形成了 3 个维的雏形，分别是用于航天器数据匹配过滤的 spacecraft 维，用于组别判断的 side 维和用于有效载荷类型判断的 payload 维。为了区别于航天任务系统仿真框架中其他可能出现的名称定义，本书在定义名称时加上相应的类型标志，此处维的定义就加上 Dim（dimension 的缩写）作为后缀。这样就得到了 3 个维的定义名称：spacecraftDim，sideDim 和 payloadDim。

spacecraftDim 用于航天器仿真组件间的匹配判断时，需要有相关的判断域值。最简单易行的做法是在组件入盟时即为其指定一个可供识别的值作为 spacecraftDim 的判断域值。对于干扰任务仿真例子，为干扰航天器的轨道器、姿态器和有效载荷在入盟时手动指定一个相同的识别区间，例如 [1，2)，则该航天器的各组件间的数据交互都通过 spacecraftDim 的区间 [1，2) 进行数据的分发，对区间以外的数据则不会接收，相似的。其他航天器也不会接收到干扰航天器的数据。相反的，干扰航天器需要接收所有入盟的轨道器数据，所以它需要设置一个能包括仿真系统内所有区间的大区间，使得它与所有其他的区间都相交。这种设计有一个缺点，就是容易造成混淆和冲突，需要在仿真进行前对各组件的识别区间进行分配和管理。所以本文决定选用具有更好适应性的方法。

HLA 要求所有的仿真对象都要进行声明和注册，并为它们赋予一个在联邦执行生命周期内唯一的句柄（handle），这些仿真对象包括入盟的联邦成员、联邦成员注册的对象类实例和交互类等。句柄是由 RTI 自动分配的，在整个联邦执行的生命周期内固定不变并保持唯一，除非联邦执行被销毁。当联邦执行销毁后再按原设置重新创建新联邦执行时，又会重新按加入的先后进行句柄的重新自动分配，与前次的仿真没有任何的联系。

在句柄中，联邦成员句柄是 RTI 用来标志每个入盟联邦成员的，而有些情况下，联邦内部的仿真实体可能不是唯一的。因为多加入一个盟员，就意味着 RTI 多了一个要管理的对象，在以后的讨论中会发现，较多的入盟联邦成员会造成仿真系统推进效率的下降。另一方面，RTI 是商业软件，存在授权许可的问题，一般情况下，许可证限制的是管理的联邦成员个数。这种情况下，往往采取在一个成员内设置多个仿真实体的方法来增加参与仿真的实体个数，显然，联邦成员句柄不适合用来标志一个仿真实体。

交互类句柄在联邦执行的生命周期内也是唯一的，但一个仿真实体在与其他组件进行数据交互时，不同的事件就会存在不同的交互类定义，相应的也就有不同的交互类句柄。所以它也无法唯一标志出仿真实体。

再看对象类句柄和对象类实例句柄。对象类句柄和对象类实例句柄在整个联邦执行的生命周期内也是唯一的，由 RTI 分配后将一直存在，直到被其所有者销毁。在联邦执行范围内，相同类型的仿真实体将拥有相同的对象类句柄。但每个仿真实体，无论是与其他仿真实体共存于一个联邦成员内，还是单独存在于一个联邦成员内，都要注册一个标志自身身份的对象类实例，由其所在的联邦成员负责更新。可见每注册一个对象类实例，就对应一个仿真实体；相应的，每一个仿真实体都会注册一个对象类实例，对象类实例与仿真实体存在明确的一一对应关系。故可以选择对象类的实例句柄的值作为 spacecraftDim 维的判断域值。

由于轨道器组件是用作航天器轨道动力学仿真的，而轨道动力学仿真也是航天器仿真中最基础且必不可少的部分，所以选择轨道器对象类的实例句柄作为 spacecraftDim 维的判断域值。在 pR-TI1516 v2.3 的使用中发现，其对象类实例句柄都是以 101，102，103，…类似的格式命名，故将 spacecraftDim 定义成如表 5 - 1 所示的格式，同时定义的还有 sideDim 和 payloadDim。

表 5 - 1 中，identifier 实为 HLAobjectRoot. spaceMissionObjectRoot. identifier，此处只是为避免在有限的空间里写入如此长的域名。identifier 的域值在 $100 \sim 1\,100$，线性映射到 RTI 维坐标上是 $[0,\ 1\,000)$。考虑到 RTI 的维是一个左闭右开的非负整数区间，故取上限为 $1\,001$ 已足够，spacecraftDim 默认不参加域的相交检测。域值上限设为 $1\,100$，是因为不清楚联邦在组建时有多大规模，会有多少个对象类注册实例，$1\,100$ 是一个足够大的数字，如果系统需要加入多于 $1\,000$ 个航天器，则此值应做出相应的扩展。

sideDim 维作为联邦成员的组别判断条件，其域值通过手动的输入来完成，这是因为在联邦执行的过程中，各组成员的加入和退出是没有规律可循的，但是有严格计划的，所以适于操作人员输入。sideDim 的定义如表 5 - 1 所示，标准化函数采用线性枚举函数，函数的判断域值为 side，side 其实是 HLAobjectRoot. spaceMissionObjectRoot. side，此处简写为 side，side 可能的取值是 sideDimRed，sideDimBlue，sideDimYellow 和 sideDimWhite。RTI 视角的维上限为 4，默认区间是 $[0,\ 1)$。

payloadDim 维是判断有效载荷类型的，其域值也无法实现自动选择，而必须手动输入，但它与邦员的类型直接相关，可以不通过界面输入，而是作为邦员的属性参数进行设置。payloadDim 维的定义如表 5-1 所示，标准化函数选用线性枚举类型，域值为 HLAobjectRoot. spaceMissionObjectRoot. BeyondSpace. payloads. payloadType，此处写作 payloadType。可能的值是 payloadDimGPS, payloadDimBD 和 payloadDimComm，RTI 视角的维上限为 3，默认该维不参加域相交计算。

表 5-1　维定义表

维名	数据类型	维上限值	标准函数	默认值
spacecraftDim	HLAinteger32LE	1 001	Linear (identifier，100，1100)	不参加计算
sideDim	HLAinteger32LE	4	linearEnumerated (side，[sideDimRed，sideDimBlue，sideDimYellow，sideDimWhite])	[0，1)
payloadDim	HLAinteger32LE	3	linearEnumerated (payloadType，[payloadDimGPS，payloadDimBD，payloadDimComm])	不参加计算

5.2.2　各维的区间划分

维用作数据分发过滤，是通过域的相交判断来完成的。域由维的区间构成，所以维的区间才是进行数据过滤判断的根本依据。维的定义同时也是数据过滤域值的选择和区间划分的定义，所以有必要对各维的区间划分进行清晰的描述。

spacecraftDim 维是线性的连续整数，各个区间的定义以 1 为长度，采用左闭右开区间，区间的左端点值为选定的域值，也就是选定轨道器的对象类实例句柄值对应 RTI 维的映射值，右端点为左端点值加 1，如表 5-2 所示。如果轨道器盟员注册了一个对象类实例

X，其句柄为 104，则该对象类实例在更新值时为 X 的属性 identifier 所赋的值，即为 104，linear（104，100，1100）的值为 4，则其应拥有的区间为〔4，5）。

　　sideDim 维和 payloadDim 维的标准化函数都是 linearEnumerated 线性枚举类型，所以其区间相对 spacecraftDim 来讲就比较简单，是固定的。sideDim 的区间由标准化函数的参数，枚举映射集〔sideDimRed，sideDimBlue，sideDimYellow，sideDimWhite〕决定，它和 C＋＋语言中 enum 枚举定义具有相似性，自左端起从 0 计数，分别是 4 个区间长为 1 的左闭右开区间，如表 5－2 所示。同样的道理，payloadDim 的区间由其标准化函数的枚举映射集〔paylodDim-GPS，payloadDimBD，payloadDimComm〕决定，自左端起以 0 起计，分别是 3 个长度为 1 的左闭右开区间。这两个维也同样可以扩展，需要时可以进行任意多个区间的扩展，需要做的是为标准化函数的枚举映射集参数添加新的元素，然后对 RTI 维上限和默认区间进行相应的更改。

表 5－2　各维的区间定义表

维名	域值映射值	左端点（闭端）	右端点（开端）
spacecraftDim	Identifier－100	Identifier－100	Identifier－99
sideDim	sideDimRed	0	1
	sideDimBlue	1	2
	sideDimYellow	2	3
	sideDimWhite	3	4
payloadDim	payloadDimGPS	0	1
	payloadDimBD	1	2
	payloadDimComm	2	3

5.3　航天任务建模

　　按照航天任务系统仿真框架，航天任务仿真系统是由不同的组件组成的，各组件是运行在不同计算机上的仿真应用程序，通过 RTI/LAN 进行信息通信，那么组件间以什么样的形式传递和区分这些数据呢，也就是说这些通信信息是如何被表达的呢？本节将对仿真数据的表达问题进行讨论。所谓建模是指对仿真数据建模，进行建立数据表达模型，而不是建立物理系统的数学模型。

5.3.1 地面通信

在航天任务系统仿真框架中，控制中心与测控站之间的数据交互行为模拟的是现实世界中航天控制中心与各测控站之间的地面数据通信，它是航天测控系统在地面的功能部分，负责航天测控设施的通信仿真。

在现实世界中，控制中心向测控站发送的数据主要是对测控站的控制指令、要求测控站转发给航天器的指令以及控制中心与测控站之间的通信等。这些数据如图 5-3 所示。图 5-3 还表明测控站向控制中心发送的数据将包括航天器下传的遥测数据、测控站对航天器的跟踪测量数据、测控站自身的属性数据和测控站与控制中心的通信数据。在这组控制中心与测控站之间的双向数据里，站指令、星指令、遥测数据、测量数据和通信数据是瞬时产生的数据，它们随仿真的需要而产生，不会在仿真过程中长期存在。而属性数据则是在仿真过程中长期存在的数据，它们的值随着时间的推进可能有所改变，但属性本身将持续存在。基于对 OMT 面向对象建模技术的理解，把瞬时发生的数据用交互类及其参数来表达，而对于长期存在的数据则用对象类及其属性来描述。

将控制中心对测控站的站指令和星指令合二为一，作为 instructions 交互类的参数，通过数据编码进行区别，用 commToStation 交互类描述通信数据，而属性数据则作为 controlCentre 对象类的属性值。将测控站到控制中心的遥测数据和测量数据作为 TTResults 交互类的参数值，将通信数据作为 commToCentre 交互类的参数值，而将属性数据作为测控站对象类 groundStation 的属性值。

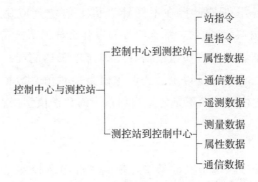

图 5-3　控制中心与测控站之间的交互数据

在系统的具体实现过程中，数据的加工程度应保持高度的一致。例如通过测量得到的轨道数据和通过遥测得到的姿态数据，可以在测控站完成加工后直接以轨道参数与姿态参数的形式传递给控制中心；也可以在测控站中不加工而直接以原型数据传给控制中心，由控制中心进行处理。

5.3.2　航天器测控

测控站与轨道器之间的数据是航天测控系统的主要职能表现，是对测控设施遥测、跟踪和指挥（telemetry, track and command, TT&C）功能的仿真，也是在控制中心指令支持基础上的航天器测量与控制仿真，所以测控站与轨道器之间的数据交互是航天测控设施进行 TT&C 功能的直接表达。TT&C 功能主要包括 4 个主要部分，分别是航天器遥测、航天器遥控、测控站与航天器的通信和航天器的跟踪测量。

（1）航天器遥测

姿态器是负责航天器遥测仿真的组件，所以遥测部分的建模是通过姿态器对测控站发送的遥测仿真数据来实现的，测控站接收遥测仿真数据并进行相关的加工和处理，完成航天测控设施的遥测功能仿真。

对于航天器遥测的各功能，仿真系统有选择地进行了考虑。航天器遥测的功能包括以下 7 个方面：

1）为航天器上各系统的工作状态和工作环境进行实时监视，为异常情况故障分析提供实测数据。

2）传送遥控指令和注入数据的返回信息，为遥控上行信息传送正确性的反馈校验提供大回路比对信息。

3）传送航天器对程序控制指令和地面遥控指令的执行信息，提供给地面测控人员来监视和判断指令是否正确执行。

4）传送航天器上的时钟信息，通过与地面的时间比对，确定校正量，修正航天器上时间，实现天地时间同步。

5）通过延时遥测，得到航天器在境外时的有关状态信息，可以弥补测控网覆盖的不足。

6）采集和传送航天器上姿态敏感部件测得的姿态测量信息，经处理后可用于确定航天器的飞行姿态。

7）为航天器研制单位和应用部门进行工程改进和应用研究提供飞行数据。

上述功能中，第 1 项是为故障诊断提供信息的，仿真系统不考虑故障诊断仿真，所以不将其计入仿真。第 2 项中仿真系统把返回信息作为指令注入成功的回执，由姿态器接收到指令后发送给测控站。第 3 项是程序控制指令执行情况的临时信息，航天任务仿真系统认为仿真是可靠仿真，不考虑可靠性方面的因素，因而此项不计入仿真系统。第 4 是用于天-地间时间同步的，数字仿真不会产生时间不同步的情况，数字-物理混合仿真时，这方面的因素由姿态器负责。对于第 5 项，在测控区外的遥测数据也采取延时传递的方案，先对数据进行记录，待进行测控区再行传递。第 6 项用于航天器的姿态信息收集，该功能由姿态器负责完成数据采集仿真并把结果发给测控站。第 7 项用于工程借鉴的飞行数据采集，对于仿真来说，所有数据都通过数据记录组件得到，不单独建模。

在遥测功能的实现过程中，无论是现实航天任务还是仿真系统，都存在采集数据的编码环节，而且可以取得某种程度上的一致。在仿真系统中，可以视航天器系统各组件模型的详细程度，选择遥测数据编码内容。

（2）航天器遥控

航天器的控制包括航天器的轨道控制、航天器的姿态控制和航天器有效载荷相关的控制。航天器有效载荷相关的控制一部分是由航天器姿态控制完成的，例如雷达天线的指向等；另外一部分是载荷本身的工作状态控制，例如设备的开/关等。在航天器控制过程中，有自主控制的成分，也有地面控制的成分，本节的遥控功能仿真将主要对地面对航天器的控制进行建模。

现实世界中，航天器接受地面测控设施的控制指令注入，并通过解释和执行接收到的控制指令完成航天器的遥控。遥控指令包括轨道控制指令、姿态控制指令和设备指令（也即载荷指令）等。

航天器一般都有一个主变轨发动机，通过姿态控制得到推力矢量的方向，通过主变轨发动机的工作得到轨道控制力。控制发动机的工作时间得到所需的动量增量，最后得到所需的速度增量。无论轨道控制的过程如何，最终目的是使航天器得到适当的速度增量。在仿真中，可以通过模拟发动机的工作情况得到动量增量，也可以采取瞬时变轨设置，直接以所需的速度增量相叠加，具体的设置可以视仿真模型的细致程度选择。本章重在进行系统原理和功能的验证和演示，所以采用了瞬时变轨设置，直接以三向速度增量作为轨道控制指令发送。

航天器的姿态控制是通过控制星上的执行机构，得到角动量增量，最后使航天得到需要的角速度增量，这个过程的控制指令也因航天器系统仿真模型的细致程度而有所不同。

（3）测控站与航天器的通信

测控站与航天器之间的数据通信，一般情况下只发生在测控站与有效载荷之间，或者是专用的数据处理站与航天器有效载荷之间。由于测控站与有效载荷之间只有这一种交互，故把这种通信的建模也列在此处。数据通信功能，是作为一种数据交互的动作来考虑的，也就是事件。事件模型更适合于瞬时的数据传递，而对于通信卫星与地面的长时间固定通信连接则不太适用。为了使用事件模型，连续的数据通信可以通过离散化处理的方法来实现。通过离散化，把连续的数据分成不同的时间段，再按段进行传递，每个离散段作为一个事件，仍然适用于事件模型。

（4）航天器的跟踪测量

航天器的跟踪测量是指地面设备对在轨航天器进行的连续测量，通过跟踪测量可以直接获得航天器相对于地面站的位置参数和速度参数，习惯上称为轨道测量设备的测量元素。

无线电跟踪测量设备可获得的测量值有：目标航天器与测量站测量点之间的相对距离，目标航天器与测量点之间的相对速度，方位角和俯仰角。

航天测控设施的跟踪测量，本质是通过测量设备的跟踪和测量得到航天器的轨道参数，也就是通过对直接测量数据的加工和处理，得到航天器的轨道参数。航天器跟踪测量仿真是通过已知的轨道参数和测量点位置，模拟测控设备对航天器的测量行为，并完成相应的测量数据处理的过程。

本书按如下步骤实现航天器的跟踪测量仿真：

1）产生轨道数据，计算被测航天器的轨道数据，这部分由轨道器完成；

2）模拟跟踪测量过程，轨道器邦员以发送 orbiter 对象类属性的方式，把航天器轨道参数传递给测控站；

3）模拟生成测量数据，首先计算得到各测量值的准确值，然后引入测量数据的误差模型，生成带有测量误差的测量值；

4）通过数据处理模型得到具有误差的定轨数据。

综合以上地面测量设施与航天器系统各组件之间的交互数据分析，得到测控站与航天器系统间的交互数据，如图 5 - 4 所示。

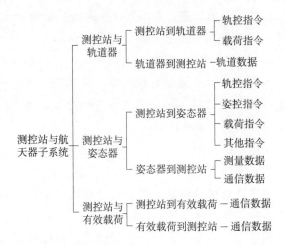

图 5-4　测控站与航天器系统各组件间的交互数据

5.3.3　航天器

　　航天任务系统仿真框架中的航天器仿真有数字化样机的特点，航天器的主要功能和特征是通过模型反映的，是一种虚拟的数字航天器。航天器系统的 3 个组成组件——轨道器、姿态器和有效载荷，虽然是 3 个独立的仿真组件，但共同完成航天器系统的仿真任务。轨道器主要完成航天器的轨道动力学仿真和航天器飞行环境计算，为航天器的其他组件仿真及任务系统提供环境数据支持。姿态器在轨道器的基础上，完成航天器除轨道动力学和有效载荷外的仿真，特别是动力学及其控制仿真。有效载荷是航天器行使职能的主要部分，对航天器动力学与控制来讲，它是航天器设计时受约束的一种条件或限制，这是因为航天器的轨道和姿态必须满足有效载荷的工作条件。在进行航天器有效载荷建模时，同时考虑航天器有效载荷与应用终端，用于航天器的应用性能仿真。

　　3 种组件间的数据交互关系，按排列组合计算共计有 6（即 3!）种排列方式，也就是 6 条数据流向，再加上 3 条同种组件间的数据流向，共 9 条数据流向，如图 5-5～图 5-7 所示。由于姿态器是航天器系统各组件的组长组件，所以它与其他组件间的交互数据要多一些。

图 5 - 5　轨道器与姿态器之间的交互数据

从图 5 - 5 所以看出，轨道器可能发送到姿态器的数据是轨道数据和环境数据，分两种情况，一是轨道器和姿态器同属一个航天器，二是它们属于不同的航天器。第一种情况下，传送的数据是确定该航天器位置和太阳、地球、月球相对航天器的位置，为遥测数据的模拟生成提供条件，它作为 orbiter 对象类的属性数据专递。第二种情况下，传递的轨道数据是为确定航天器相对位置的，用于航天器的动力学控制，也是作为 orbiter 对象类的属性传递。

姿态器发送给轨道器的数据是姿态数据和轨控指令，前者用于航天器内数据的统一，后者是姿态器接收到测控站的轨控指令并执行相关操作后，传给轨道器的执行结果，即航天器的速度增量。

轨道器与有效载荷之间的数据主要用于航天器系统的数据统一，提供轨道数据和环境数据的支持。

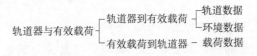

图 5 - 6　轨道器与有效载荷之间的交互数据

由于姿态器是航天器系统各组件的组长组件，所以有效载荷传给姿态器的测量数据是航天器遥测数据的一部分，用于航天器上仪器状态的确定。载荷数据用于航天器系统内各仿真组件间的数据统一，而指令数据则是姿态器对有效载荷的控制指令，用于设备的管理。

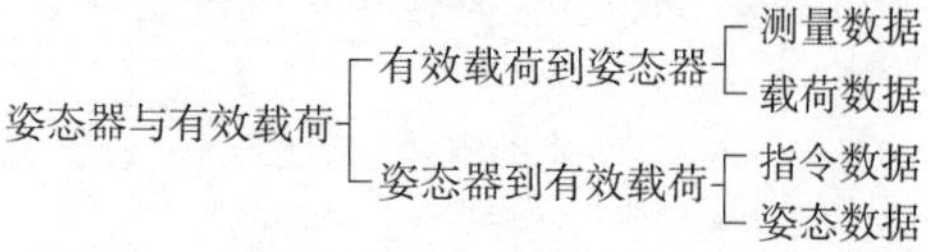

```
                                      ┌ 测量数据
                      ┌ 有效载荷到姿态器 ┤
姿态器与有效载荷 ┤                    └ 载荷数据
                      │                ┌ 指令数据
                      └ 姿态器到有效载荷 ┤
                                      └ 姿态数据
```

图 5-7　姿态器与有效载荷之间的交互数据

再考虑同种仿真组件之间的数据交互关系。由于航天器系统的各仿真组件是人为拆分的，本着数据谁产生谁负责的原则，产生仿真数据的组件要负责数据的发布，以供其他组件使用。同类航天器仿真组件间也会发生数据交互，视仿真场景的需求而定。轨道器与轨道器间的数据交互，只有在航天器需要其他航天器的轨道数据时才会发生，例如轨道对抗、编队飞行、近距离伴飞等。在航天器编队飞行仿真时，仿真关心的是主动航天器的轨道动力学与控制仿真，至于如何获得目标航天器的信息在仿真中并不重要，所以，没有必要再加入一个作为探测器的有效载荷组件。此时，轨道器应该具有彼此间进行数据交互的能力，直接获得数据为自身的仿真提供条件。轨道器间的交互数据如图 5-8 所示。

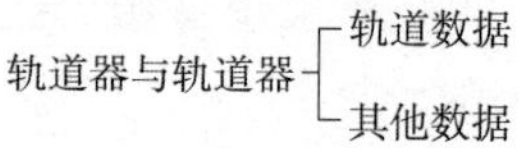

```
                  ┌ 轨道数据
轨道器与轨道器 ┤
                  └ 其他数据
```

图 5-8　轨道器与轨道器之间的交互数据

在进行航天器对接等仿真时，主动航天器的动力学与控制仿真需要被动航天器的姿态数据支持。此时，仿真关心的重点在于航天器的动力学及其控制，至于数据的获取方法不甚关心（针对星上测量设备的仿真系统除外）。此时无需加入专门的有效载荷组件完成测量仿真，可由姿态器代行其职，交互数据只有一种，即姿态数据。

有效载荷间发生数据交互则是在诸如干扰、星间通信等情况下，如图 5-9 所示。在干扰情况下，干扰航天器的有效载荷将发布用于干扰的数据，被干扰航天器的有效载荷通过接收这些数据进行效果评价。交互数据都将作为 payloadActions 交互类的参数进行传递。

有效载荷与有效载荷 —— 载荷数据
　　　　　　　　　　　　 其他数据

图 5 - 9　有效载荷与有效载荷之间的交互数据

5. 3. 4　载荷应用

　　前面所述有效载荷相关的仿真都是航天器仿真的一部分，并不针对航天器应用性能。航天器应用性能仿真是以航天器有效载荷及其应用性能开展的仿真，航天测控系统仿真和航天器系统仿真为航天器应用性能仿真提供了服务和支持。

　　航天器应用性能仿真包括有效载荷仿真和载荷应用仿真两部分。有效载荷仿真是在航天器动力学仿真基础上，对有效载荷的物理服务性能进行的数字仿真；而载荷应用仿真则是对服务仿真的应用、评估与评价系统。载荷应用仿真可以是某种特定应用设备的仿真，如导航信号接收机；也可以是针对某项有效载荷性能的仿真，如导航信号的全球覆盖率等。

　　如图 5 - 10 所示，有效载荷发送到应用终端的数据是载荷数据和通信数据。载荷参数是航天器应用性能的模型参数，反映了有效载荷的功用和能力；通信数据为有效载荷与应用终端之间的信息传递。应用终端发送到有效载荷的数据只有通信数据，它可以作为有效载荷与应用终端间的通信仿真，如北斗导航系统的工作模式就是一种双向模式，需要终端返回信息给有效载荷。

　　　　　　　　　　　　　　　有效载荷到应用终端 —— 载荷数据
有效载荷与应用终端 　　　　　　　　　　　　通信数据
　　　　　　　　　　　　　　　应用终端到有效载荷 — 通信数据

图 5 - 10　有效载荷与应用终端之间的交互数据

　　有效载荷发送到应用终端的载荷数据作为 payloadsActions 交互类的参数传递，而通信数据则为 commToStation 交互类的参数。应用终端传给有效载荷的通信数据是 feedbackToPayloads 交互类的参数。

5.4　联邦对象定义

基于前面的分析和 HLA 建模的一般原则，瞬时数据以交互类参数进行表达，在仿真中持续存在的数据以对象类属性来表达。前者通过数据的发送与接收完成传递，后者则通过数据的更新和映射进行传递。本节将总结前文的分析和设计，形成对象类及其属性和交互类及其参数的基本定义。

5.4.1　对象类及其属性

对象类属性描述的是持续存在的数据，一般情况下是事物属性方面的值，在对航天任务系统仿真框架中各参与仿真的事物进行建模时，以事物名称作为其属性数据的集合名称，就得到了一组对象类的可能定义及其可能的属性设置，如表 5-3～表 5-8 所示。之所以说是"可能"，是因为这里只是初步的分析，后文还会依据面向对象建模方法的继承特点，对这些对象类及其属性进行调整，最终得到脉络清晰、设置属性个数较少的一组对象类。

表 5-3　控制中心的属性数据设置

对象类	属性值	说明
controlCentre	identifier	对象实例标志
	live	生存状态
	name	名称
	time	时刻
	workingStatus	设备状态/工作状态
	sideDomain	组别
	payloadDomain	载荷类别
	LatLongAlt	经度、纬度、高程

表 5 - 4　测控站的属性数据设置

对象类	属性值	说明
groundStation	identifier	对象实例标志
	live	生存状态
	name	名称
	time	时刻
	workingStatus	设备状态/工作状态
	sideDomain	组别
	payloadDomain	载荷类别
	LatLongAlt	经度、纬度、高程
	envirementData	环境参数（只在测量船用于海况建模情况下使用）
	maxSpeed	最大可移动速度（只用于测量船）

表 5 - 5　轨道器的属性数据设置

对象类	属性值	说明
orbiter	identifier	对象实例标志
	live	生存状态
	name	名称
	orbitOptions	轨道计算选项
	environmentData	环境数据
	time	时刻
	workingStatus	设备状态/工作状态
	sideDomain	组别
	spacecraftDomain	航天器域别
	payloadDomain	载荷类别
	linearDynamics	线性动力学参数
	angularDynamics	角运动动力学参数
	payloadsParameters	有效载荷参数

表 5-6   姿态器的属性数据设置

对象类	属性值	说明
attitude	identifier	对象实例标志
	live	生存状态
	name	名称
	time	时刻
	workingStatus	设备状态/工作状态
	sideDomain	组别
	spacecraftDomain	航天器域别
	payloadDomain	载荷类别
	linearDynamics	线性动力学参数
	angularDynamics	角运动动力学参数
	payloadsParameters	有效载荷参数

表 5-7   有效载荷的属性数据设置

对象类	属性值	说明
payloads	identifier	对象实例标志
	live	生存状态
	name	名称
	time	时刻
	workingStatus	设备状态/工作状态
	sideDomain	组别
	spacecraftDomain	航天器域别
	payloadDomain	载荷类别
	linearDynamics	线性动力学参数
	angularDynamics	角运动动力学参数
	payloadsParameters	有效载荷参数

表 5 - 8　应用终端的属性数据设置

对象类	属性值	说明
terminal	identifier	对象实例标志
	live	生存状态
	name	名称
	time	时刻
	workingStatus	设备状态/工作状态
	sideDomain	组别
	payloadDomain	载荷类别
	LatLongAlt	经度、纬度、高程

按表 5 - 3～表 5 - 8 的数据设置直接生成对象类，这些对象类都在同一个层次上，彼此没有联系。从以上 6 个表可以看出，各实体的对象类中有许多属性数据的设置是相同的。面向对象建模的一个重要特点就是对象模型数据的可继承性，为了减少数据的设置个数，可以把相同的数据集中到一个基类中。把所有其他对象类都作为这个基类的子类，通过继承的方式获得这些数据。这种做法既可以得到清晰的对象类模型层次结构，又可以减少属性数据的设置个数。调整后，将新添几个对象类，调整后的结果如图 5 - 11 所示。图中箭头起始端为子类，箭头指向基类。HLAobjectRoot 为 HLA 标准规定的所有对象类的基类，而 HLAmanager 则为 HLA 标准规定的 MOM 对象类。图中新添了 missionObject，onEarthObject，beyondSpace 和 spacecraft 四个对象类，其中 spacecraft 是 orbiter，attitude 和 payloads 对象类的基类，它提供航天器作为客观存在的基本属性设置；beyondSpace 对象类作为所有在空间事物的基类，提供基本的动力学数据设置；onEarthObject 对象类作为地面事物的基类，提供共同的位置数据设置；missionObject 作为所有对象类的基类，提供各仿真对象类公共数据设置。图 5 - 11 是对象类结构表，它具有优化的数据设置。

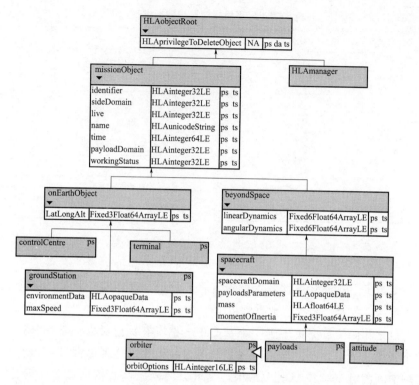

图 5 - 11　对象类结构层次图

5.4.2　交互类及其参数

交互类作为事件的一种数据模型，表达的是事件相关的数据。所有的瞬时事件都会有一个发出方和一个或多个接收方。为便于管理，交互类结构表为每一个事物设置一个交互类，作为由该事物发出的所有交互类的基类，并以事物名称命名。该交互类虽然与该事物对应的对象类同名，但完全不受彼此的影响。为了减少 FOM 中交互类的参数设置，同样根据数据的情况，对交互类结构表进行了调整，把多个交互类相同的数据集中到一个基类中。

图 5 - 12 是 FOM 的交互类结构层次图，从图中可以清晰地看出各交互类在整个结构层次中所处的位置，参与交互的交互类都是叶

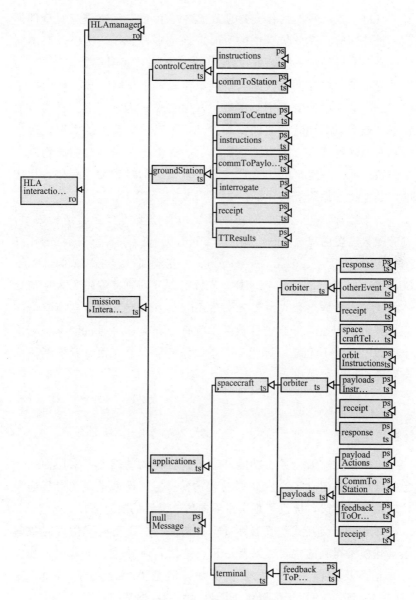

图 5 - 12　交互类结构层次图

子类（也就是那些不具有子类的交互类）。由于交互类是瞬时事件模型，且不同航天任务仿真中的瞬时事件也多种多样，所以针对不同的仿真任务进行扩展时，更改较大的将是交互类及其参数。

为了给用户提供更大的灵活性，在所有交互类的基类中设置了一个以字节为单位的不定长度数组，用它来表达所有交互类的有效数据。该数组不具有独立的物理含义，可以视交互类的需要，用多种具有明确物理含义的数据进行组合。这里把多个具有明确物理意义的数据通过一定形式组合成一个字节数组的过程称为编码，相应的，其逆过程称谓解码。

基于这种思想，在航天任务系统仿真框架的交互类结构表里，具有参数设置的只有 missionInteraction，application 和 spacecraft 三个交互类。其中 missionInteraction 交互类的参数 data 为 HLA-opaqueData 类型，是一个动态字节数组，可以通过编码写入任何形式的数据或数据组合。由于 missionInteraction 交互类设在所有与航天任务仿真相关的交互类最顶端，所有交互类都将通过继承得到这个参数值。由于无需为新交互类添加任何参数，这种设置使新添加交互类变得十分简单。

5.5　小结

本章在对航天任务各功能环节进行分析的基础上，采用面向对象的建模方法建立了交互数据的表达模型。该模型是现实世界通向仿真世界的桥梁，提供了现实世界向仿真世界的映射途径。

对于分布交互式仿真技术 HLA 来说，本章完成了仿真对象建模，建模所得到的主要成果就是 FOM 文档，它包括对象类及其属性和交互类及其参数，以及数据类型，消息类型定义等。FOM 是 HLA 联邦运行的用于配置仿真世界模型的数据基础。

参 考 文 献

[1]   MORSE K L, PETTY M D. Data distribution management migration from
       DoD 1. 3 to IEEE 1516 [C] //Fifth IEEE International Workshop on
       Distributed Simulation and Real – Time Applications, 2001.

[2]   PETTY M D, MORSE K L. The computational complexity of the high
       level architecture data distribution management matching and connecting
       processes [J]. Simulation Modeling Practice and Theory, 2004, 12: 217 –
       237.

[3]   PETTY M D. Comparing high level architecture data distribution manage-
       ment specifications 1. 3 and 1516 [J]. Simulation Practice and Theory,
       2002, 9 (3 – 5): 95 – 119.

[4]   KUIJPERS N, LUKKIEN J, HUIJBRECHTS B, et al. Applying Data
       Distribution Management and Ownership Management Services of the
       HLA Interface Specification [C] //Proceedings of the Simulation Interop-
       erability Workshop Fall 1999, 1999.

[5]   TACIC I, FUJIMOTO R M. Synchronized data distribution management
       in distributed simulations [C] //12th Workshop on Parallel and Distribu-
       ted Simulation, 1998.

[6]   ZHANG Y, SUN G, ZHANG Y, et al. A new algorithm of data distribu-
       tion management for distributed interactive simulation [C] // Proceedings
       of the 5Ih World Congress on Intelligent Control and Automation, Hang-
       zhou, P. R. China, 2004.

[7]   HOUGLAND E S, PATERSON D J. Data distribution management (D-
       DM) issues for HLA implementations [C] // Proc of 2000 Spring Simula-
       tion Interoperability Workshop, 2000.

[8]   MORSE K L, STEINMAN J S. Data distribution management in the HLA
       multidimensional regions and physically correct filtering [C] //Proceed-

ings of the 1997 Spring Simulation Interoperability Workshop，1997.

[9] PETTY M D. Geometric and algorithmic results regarding HLA data distribution Management matching [C] //Proceedings of the Fall 2000 Simulation Interoperability Workshop，Orlando FL，2000.

[10] RACZY C，TAN G，YU J. A sort - based DDM matching algorithm for HLA [C] //ACM Transactions on Modeling and Computer Simulation. ACM，Inc.，2005.

[11] SANTORO A，FUJIMOTO R M. Off - loading data distribution management to network processors in HLA - based distributed simulations [C] //Proceedings of the Eighth IEEE International Symposium on Distributed Simulation and Real - Time Applications，2004.

[12] 史军慧，万江华，高洪奎. 在 HLA/DDM 中多播组的分配方法 [J]. 计算机工程与科学，2000，22（6）：39 - 41.

[13] 王学慧，梁加红，黄柯棣. DIS 与 HLA 的数据分发机制研讨 [J]. 计算机仿真，2002，19（6）：75 - 77.

[14] 邱晓刚，黄柯棣. HLA/RTI 数据分发的概念 [J]. 计算机工程与科学，1999，21（3）：34 - 39.

[15] 詹磊，潘清. HLA/RTI 中数据分发管理服务实现策略研究 [J]. 装备指挥技术学院学报，2005，16（2）：113 - 116.

[16] 马萍，杨明，王子才. HLA 数据分布管理在电站仿真器中的应用 [J]. 系统工程与电子技术，2000，22（11）：91 - 93.

[17] 张贵生，张霞，李德玉. HLA 中数据分发管理的探究 [J]. 计算机与信息技术，2007，（Z1）：10 - 12.

[18] 杨建池，任纯力，黄柯棣. IEEE 1516 中数据分发管理研究 [J]. 系统仿真学报，2004，16（3）：443 - 446.

[19] 刘云生，查亚兵，张传富，等. 分布式仿真系统容错机制研究 [J]. 系统仿真学报，2005，17（2）：355 - 357.

[20] 张亚崇，孙国基，严海蓉，等. 分布交互仿真中一种新的数据分发管理算法的研究 [J]. 系统仿真学报，2005，17（1）：91 - 94.

[21] 李峰，吴成富. 关于 HLA 中声明管理和数据分发管理的研究 [J]. 微型电脑应用，2005，21（1）：7 - 9.

[22] 张亚崇，孙国基，严海蓉，等. 基于 HLA/RTI 的分布式交互仿真中数据

　　　　分发管理的研究 [J]. 系统仿真学报，2004，16（6）：1284 - 1287.

[23]　刘胤田，唐常杰，吴征宇，等. 基于关联规则的 HLA 动态数据分发策略
　　　　[J]. 系统仿真学报，2006，18（12）：3415 - 3420.

[24]　史扬，凌云翔，金士尧，等. 数据分发管理机制中层次化组播地址分配
　　　　策略 [J]. 软件学报，2001，12（3）：405 - 414.

[25]　史军慧，万江华，高洪奎. 在 HLA/DDM 中多播组的分配方法 [J]. 计
　　　　算机工程与科学，2000，22（2）：39 - 41.

[26]　张霞，黄莎白. 高层体系结构中 DDM 实现方法的研究 [J]. 系统仿真学
　　　　报，2003，15（5）.

[27]　PITCH. Working with DDM in HLA 1516：Sweden：Pitch Kunskap-
　　　　sutveckling AB，2003.

[28]　CCSDS 620. 0 - B - 2，STANDARD FORMATTED DATA UNITS -
　　　　STRUCTURE AND CONSTRUCTION RULES [S]. Oberpfaffen-
　　　　hofen，Germany：Consultative Committee for Space Data Systems，1992.

[29]　CCSDS 621. 0 - G - 1，STANDARD FORMATTED DATA UNITS - A
　　　　TUTORIAL [S]. Oberpfaffenhofen，Germany：Consultative Committee
　　　　for Space Data Systems，1992.

[30]　谭维炽，顾莹琦. 空间数据系统 [M]. 北京：中国科学技术出版社，
　　　　2004：55 - 210.

第 6 章　时间同步管理

对于基于 HLA 的分布式仿真系统来说，其组件化的特征决定了其实体模型计算的分布性和并行性。由于各个计算机是独立运行的，模型的计算必须通过协调才能完成彼此计算的同步性。HLA 的七大服务中，时间管理服务就是用于组件同步管理的，本章描述的就是航天任务仿真系统各组件间的同步协调机制。

6.1　时间同步管理的概念与目标

6.1.1　分布式科学仿真对时间管理的需求

在仿真领域，一直有两个具有相同技术基础却彼此平行发展的分支，那就是虚拟环境（virtual environments）和分析仿真（analytic simulations）。

虚拟环境是一种通过计算机技术再现的现实环境或娱乐环境，环境中以多种形式加入实体模型，一般是"人在回路"的仿真系统，环境中模型的行为是由人控制的，采用实时的速度推进仿真，要求保证仿真逻辑的正确性和人在环境中感受不到时间的延迟。

分析仿真希望尽量真实、准确地表达现实系统的行为，以便得到有效的仿真数据，一般情况下，它是一种以"尽可能快"速度运行的仿真系统，需要对仿真过程中的因果关系有准确的描述。

分布式并行计算是一种新的计算组织形式，它把计算负荷分配给不同的计算进程，从而降低每个进程的负担。HLA 分布式仿真是分布式并行计算的一种应用形式，从技术上实现了分布式虚拟环境和分布式分析仿真两项技术的合一，在分布式并行仿真方面具有里程碑的意义。

科学仿真是一种分析仿真，它与普通分析仿真的区别在于科学仿真是以大量的科学计算为基础的，而且是时间相关度很高的数值计算，要求各组件严格时间同步。由于科学仿真具有自己明确的特点，本章对其进行单独讨论。

在进行多航天器航天任务仿真时，仿真系统中的多个航天器动力学方程的求解都与时间密切相关，不仅要求各仿真器进行严格的时间同步推进，而且要求各仿真器的动力学计算也必须严格同步。

6.1.2　时间同步管理的目标

分布式仿真系统不同于传统的单进程仿真系统，分布式仿真把仿真的计算负荷分配到地理上分散分布的不同计算机进程中，从而减小了单个进程的计算量。同时带来的问题是，由于计算是由分散分布的不同进程进行的，需要在进程间进行数据的通信。仿真是随着时间推进表现或模拟其他系统行为的系统，具有很高的时间相关度，所以这种数据的交换就需要时间一致性的保证。一旦数据交换得不到有效的时间同步，就无法得到正确的计算结果，也无法保证仿真结果的重现。

为了实现第 2 章中航天任务系统仿真框架下的各种航天任务仿真系统集成，要求航天任务仿真系统的时间管理能够满足下面的要求。

1) 协调各仿真器的时间同步推进。仿真系统的同步协调包括两部分的内容，一是仿真启动的初始同步，二是仿真推进的步调同步。

2) 以参考值为基础的弹性时间推进步长。科学仿真系统宜采用步进的时间推进策略，但在事件发生时，确定的时间步长将无法满足系统的需要。因为事件不可能总在步长的时间点上发生，为了实现数据的及时处理，需要考虑在事件时刻添加一个时间点，为数据交换提供条件。

为什么一定要在事件发生时刻进行数据交换呢？举一个例子，在进行空间拦截仿真时，动能拦截器（kinetic kill vehicle，KKV）与目标遭遇时，对于 KKV 来说是攻击行为，所以产生一个"攻击"事件。而在同一时刻，对目标来说则是受到攻击事件，需要评价攻击的效果，并产生一个"被攻击"事件，表明受到攻击后的状态。这两个事件在物理系统中是同时发生的，在仿真中却具有明确的因果逻辑关系，必然是先有"攻击"事件，然后才有"被攻击"事件。如果仿真推进时间点不在事件发生时刻，消息发出后就无法得到及时处理。待到处理时，仿真的逻辑时间已经推进，各项参数都已有所改变，这势必会造成评价结果的差异。这种情况下，为了减小时间推进对仿真结果的影响，需要选择很小的时间推进步长，带来的是仿真推进效率低下等无法容忍的问题。

3）消息的即时响应。即时响应是指事件的数据在发出后，能够在相同逻辑时间下得到其他组件的响应。

在空间拦截的例子中，"攻击"事件和"被攻击"事件是同步发生的事件，但二者具有明确的因果关系，所以"被攻击"事件是"攻击"事件的响应事件。当仿真推进时间点取在事件发生点时，"攻击"事件一经发出，"被攻击"事件也会随之产生，二者具有相同的时间标签，称为并发事件。航天任务仿真系统的时间管理必须具有处理并发事件的能力。

在航天任务仿真系统中，航天器系统被人为拆分成 3 种组件，通过组件组合完成整个航天器系统的仿真，所以航天器各组件间存在着必然的数据交换，以保证组件间数据的一致性。这些数据在物理系统中是同源的，也就是说它本身就是一体的，只是因为人为拆分的原因才构成了数据交换关系，为了保证数据的时空一致性，需要在相同的逻辑时间下完成数据交互。

6.2　影响仿真系统推进效率的因素

在这一节里，将讨论影响仿真系统推进效率的主要因素，并依据分析讨论的结果选择适合的系统设计方案，从而避开不必要的计算时间开销，节约计算资源。

在分布式仿真系统的设计与测试过程中发现，采用固定步长的分布式仿真系统的推进效率与普通的单进程计算相比十分低下。在相同的计算工作量下，按照仿真推进步长的大小从 2～20 s 不等，分布式仿真系统的计算耗时可以达到普通单进程计算的 5～10 倍或更多。单进程计算 5 min 都用不到的情况下，分布式航天任务仿真系统竟需要 30 min 或更多时间才能完成。这样的效率是不能让人满意的，需要做深入的探讨与研究。

对于仿真系统来说，影响其推进效率的因素是多方面的，本书把这一部分内容安排在第 6 章，是因为作者在对比实验和分析的基础上认为影响时间推进效率的主要因素是仿真系统的时间同步管理策略。

科学仿真的基础是大量的科学仿真计算，正是由于科学计算所用的模型方程多与时间具有紧密的联系，所以才对仿真计算的同步提出了更高的要求。航天器的轨道动力学仿真具有明显的科学仿真特点，如模型方程包含时间因素，仿真的基础是轨道动力学方程的数值求解等。所以在分析影响分布式科学仿真系统的推进效率时，以航天器轨道动力学的分布式仿真为例，组织不同的仿真实验进行比较与分析。

需要指出的是，由于 RTI 是 HLA 仿真系统的核心组件，因此有关的计算性能也和 RTI 有直接的关系。同时限制计算性能的还有计算机性能、用户代码的执行效率和局域网络的性能等。本书的讨论基于 pRTI 1516 v2.3 展开，用户代码的实现语言是 C++，网络环境是 10 M/100 M 局域网络。

6.2.1　单进程计算与分布式并行计算的对比

首先考察分布式并行计算的精度问题，解决能不能用的疑惑，同时考察分布式并行计算结果与单进程计算结果之间的差异。

航天器轨道动力学方程采用 Cowell 方法求解时写作

$$
\begin{cases}
\dot{v}_x = -\dfrac{\mu x}{r^3} + f_x,\ \dot{x} = v_x \\[2mm]
\dot{v}_y = -\dfrac{\mu y}{r^3} + f_y,\ \dot{y} = v_y \\[2mm]
\dot{v}_z = -\dfrac{\mu z}{r^3} + f_z,\ \dot{z} = v_z \\[2mm]
r = \sqrt{x^2 + y^2 + z^2}
\end{cases}
\tag{6-1}
$$

从纯数学的角度看，这样的一个方程组的三个分量方程在求解中是不可分割的，为了验证基于 HLA 的分布式并行计算能否实现严格数据同步要求的科学计算，人为把它们拆分并进行分布式并行求解。

基于 HLA 设计一个仿真组件，只能计算航天器轨道动力学方程三分量方程中的一个。组织一个具有三成员的分布式航天器轨道动力学仿真系统，每个成员分别计算轨道动力学三分量方程中的一个，然后通过数据交换完成整个航天器的轨道动力学仿真。作为比较对象，同样设计了一个单进程的航天器轨道动力学方程求解系统，通过赋予二者相同的初值，分析比较计算结果的差异。

在遵循原理的情况下，计算中采用具有解析解的二体问题轨道方程，以方便仿真结果的对比与分析。在进行数值积分时，都采用 7(6)～8 阶 Runge Kutta Nystrom 方法进行求解，以保持由于积分方法的原因造成的积分误差。表 6-1 是单进程计算与三机分布式计算的结果，表中数据都基于 J2000.0 地心赤道惯性坐标系，初值和真值取自 STK 的计算结果。三机分布式系统的各组件均采用既时间控制又时间受限的时间推进策略，推进过程中采用步长为 2 s 的固定时间步长，而单进程计算采用自适应时间步长。

表 6-1　单进程计算与三机分布式计算结果对比

项目	初值	结果		
		真值	单进程	三机分布式
时间	2006-11-01, 12:0:0.0	2006-11-02, 12:0:0.0	2006-11-02, 12:0:0.0	2006-11-02, 12:0:0.0
位置 X/m	$6.878\ 137\ 000\ 000\ 00\times10^{6}$	$1.315\ 785\ 815\ 569\ 28\times10^{6}$	$1.316\ 004\ 363\ 969\ 89\times10^{6}$	$1.3158\ 659\ 608\ 613\ 9\times10^{6}$
位置 Y/m	$0.000\ 000\ 000\ 000\ 00\times10^{0}$	$5.932\ 990\ 349\ 602\ 72\times10^{6}$	$5.932\ 953\ 774\ 503\ 09\times10^{6}$	$5.932\ 976\ 938\ 153\ 79\times10^{6}$
位置 Z/m	$1.591\ 615\ 728\ 102\ 62\times10^{-12}$	$3.221\ 350\ 926\ 216\ 64\times10^{6}$	$3.221\ 331\ 067\ 557\ 88\times10^{6}$	$3.221\ 343\ 644\ 393\ 98\times10^{6}$
速度 V_{X} $/\mathrm{m}\cdot\mathrm{s}^{-1}$	$9.094\ 947\ 017\ 729\ 28\times10^{-13}$	$-7.472\ 015\ 976\ 469\ 77\times10^{3}$	$-7.471\ 967\ 595\ 161\ 02\times10^{3}$	$-7.471\ 998\ 232\ 975\ 54\times10^{3}$
速度 V_{Y} $/\mathrm{m}\cdot\mathrm{s}^{-1}$	$6.690\ 090\ 334\ 619\ 48\times10^{3}$	$1.279\ 812\ 537\ 489\ 36\times10^{3}$	$1.280\ 025\ 858\ 958\ 75\times10^{3}$	$1.279\ 890\ 762\ 127\ 97\times10^{3}$
速度 V_{Z} $/\mathrm{m}\cdot\mathrm{s}^{-1}$	$3.632\ 422\ 678\ 277\ 66\times10^{3}$	$6.948\ 815\ 116\ 985\ 79\times10^{2}$	$6.949\ 973\ 358\ 062\ 42\times10^{2}$	$6.949\ 239\ 842\ 120\ 04\times10^{2}$
计算耗时/s			26.578	735.703

由表 6-1 可见，当计算时间为一天时，单进程计算结果与真值相比，最大相对误差为 0.016 67%，而三机分布式计算所得的结果与真值相比，最大相对误差则为 0.006 11%。精度的差异并不代表分布式计算比单机计算的精度更高，而仅仅说明只要系统设计合理，能够保证仿真计算的严格同步，就可以取得可靠的计算结果。二者精度之间的差异是由积分步长的不同造成的，普通单机计算时选择了自适应的步长，而分布式计算由于受制于各仿真组件的同步要求选择了定步长，使得二者的局部截段误差和总的积分步数不尽相同，进而造成了计算精度的差异。

表 6-1 表明基于 HLA 设计的分布式并行计算可以完成具有严格数据同步要求的科学仿真任务；但同时也表明了另外一个问题，那就是为了实现这种分布式的并行计算，付出了时间的代价，分布式计算所耗时间竟是普通单机计算的 27.68 倍之多。初步分析认为，造成这种情况的原因是仿真组件间的同步操作和网络数据传递。

既然认识到了造成分布式仿真系统推进效率低下的原因是仿真组件间的同步协调操作和网络间的数据传递，就需要针对这个问题设计针对性的实验，分析影响分布式仿真系统推进效率的主要因素。虽然把影响分布式仿真系统推进的主要因素确定在仿真组件间的同步协调操作和网络数据的传递范围内，具体的因素仍然有许多方面，本书将其归结于三个方面：同步协调时各组件间的时间等待，把单进程计算改造为适合分布式计算的组织开销，以及组件间通过网络进行信息传递时的时间开销。设计针对性实验的目的就是在分析所得结果的基础上确定各种因素在整体性能中的权重，采取抓大放小的策略，分析分布式仿真系统推进效率低下的问题。

6.2.2　无数据传递的情况

考虑对上节设计的仿真组件进行细微的改动，使各个入盟的联邦成员在每个时间步里，只发送和接收不含数据的空消息，使得仿真中不再存在数据的读写操作和数据在网络中传递的耗时。在这种情况下，仿真系统的时间消耗就剔除了数据发布/接收的因素。

使用与表 6-1 相同的计算设置，完成计算的时间是 659.766 s，这个时间是三机分布式计算所耗时间的 89.68%。可见在基于 HLA 组织分布式仿真系统时，数据在网络中的传递所消耗的时间在所有的时间消耗中所占的比重是比较小的，只有 10.32%，其余的时间都消耗在了同步协调操作和分布式计算的组织开销上。

6.2.3 单联邦成员组建仿真系统的情况

采用单独一个联邦成员组建一个分布式仿真系统，该实验是分布式仿真系统的一个特例。之所以组建这样的仿真系统，是想研究在没有成员间的同步协调操作时，仿真系统的推进速度。因为在这种设置下，成员不受其他成员的约束，只要向 RTI 申请时间推进，RTI 就会许可，也就剔除了多组件分布式仿真系统中同步协调操作造成的时间消耗。同时由于单组件无法构成数据的订购与发布关系，所以也不存在数据在网络中的传递，剩下的就是把单进程计算改造成分布式并行计算的组织开销了。

计算结果显示，在所有计算条件与表 6-1 完全一致的情况下，完成计算所消耗的时间为 54.438 s，是三机分布式计算所耗时间的 7.40%，是单进程计算所耗时间的 2.05 倍。这个例子说明，在基于 HLA 技术组织分布式仿真系统时，虽然组织这种计算的开销相当可观，但相对仿真组件间的同步协调操作和数据在网络中的传递所造成的时间消耗来说，仍然只是很小的一部分。

6.2.4 影响分布式仿真系统推进效率的主要因素

6.2.2 节和 6.2.3 节的结果表明分布式仿真的组织开销与数据在网络中传递的开销在仿真系统的时间消耗中都不占重要比重，那么剩下的就是分布式仿真系统中各组件间的同步协调操作和其他一些不明确的因素。

这一节将分别采用不同个数的组件来组建多个仿真系统，并用不同的仿真推进步长组织仿真实验，然后分析、比较实验的结果，得出一些结论。

　　对用于轨道动力学方程分量方程计算的仿真组件稍加改造，使每个组件能单独完成一个航天器的轨道动力学求解，这样的一个组件在仿真系统中就相当于一个航天器的轨道仿真器。

　　采用 1～6 个轨道仿真器组件分别组建 6 个不同的仿真系统，针对每个仿真系统又分别采用 2 s，5 s，10 s，15 s，20 s 5 种仿真推进步长进行仿真实验，这样就得到 6 个仿真系统分别在 5 种不同的仿真步长下完成相同计算量时的时间消耗。计算结果如表 6 - 2 所示。计算采用表 6 - 1 相同的设置。需要说明的是，无论时间推进步长取多大，所有数值计算时的积分时间步长都取 2 s。

表 6 - 2　　不同组件个数的仿真系统在不同仿真推进步长下的时间消耗量

步长/s	时间消耗量/s					
	1 组件	2 组件	3 组件	4 组件	5 组件	6 组件
2	54.438	347.641	460.500	576.469	672.610	681.297
5	44.688	139.735	190.265	245.093	272.953	281.516
10	33.265	79.953	105.219	137.25	142.063	166.422
15	32.734	64.750	81.36	94.421	102.500	127.281
20	29.766	63.000	71.407	72.813	71.047	92.859

　　这样的一组实验结果是经过多次重复试验得到的，因为计算结果与网络性能相关，具有一定的不确定性，所以选取相同实验条件下多次计算结果的中值。这组数据从表面看，明显的特征是：对于每一行，从左到右都是递增的，也就是说在相同的时间推进步长下，入盟的组件个数越多，计算耗时也越多；对于每一列，从上到下都是递减的，说明在相同的组件个数下，时间步长越大，系统的计算耗时就越少。

　　根据这组数据的上述特性，分别以组件个数和时间步长为横坐标，以计算耗时为纵坐标，画出两幅曲线图。图 6-1 是给定时间步长下，不同入盟成员个数的仿真系统，完成表 6-1 所示计算量所用的时间，每一条曲线都对应一个时间步长。图 6-2 是给定入盟成员个数的情况下，采用不同的时间推进步长时仿真系统完成表 6-1 所示计算量所用的时间，每一条曲线都对应一个仿真系统。图 6-1 中时间步长为 10 s，15 s 和 20 s 的情况下，当入盟成员个数为 6 时，曲线的趋势有明显的上扬，可能的原因是最后加入仿真计算的计算机性能或网络性能与其他计算机相比，略有差异。

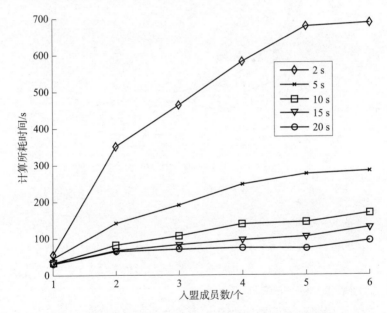

图 6-1　给定时间步长下不同入盟成员个数的系统耗时

图 6-1 表明：

　　1）入盟成员的个数影响仿真系统的推进速度，且相同条件下入盟成员数越多，系统的推进速度越慢。但随着入盟成员数的增加，系统推进速度降低的速率在放缓。

　　2）入盟成员个数影响系统推进速度对推进时间步长的敏感程

度，入盟成员个数越多，系统推进速度对时间步长的大小越敏感。但随着入盟成员个数的增加，系统推进速度对时间步长的敏感程度降低。当入盟成员个数增加到一定程度后，系统推进速度有达到某种确定值的趋势，表现在图中，就是曲线趋于平直。

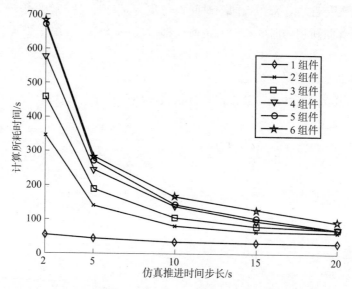

图 6-2　给定入盟成员个数下不同时间推进步长的系统耗时

图 6-2 表明：

1）仿真推进时间步长影响仿真系统的推进速度，且相同条件下步长越大，系统推进速度也越快。但随着时间步长的增长，系统推进速度增加的速率在降低。

2）时间步长的大小影响系统推进速度对入盟成员个数的敏感程度，时间步长越大，系统推进速度对入盟成员的个数越不敏感。随着时间步长的增加，系统推进速度对入盟成员个数的敏感程度降低，并有趋于某一极限值的趋势。

可见，分布式仿真系统采取较大的时间步长和较少的入盟成员个数，将有助于提高仿真系统的推进效率。

6.3　航天任务仿真系统的时间同步管理

6.3.1　航天任务仿真系统时间推进的特点

从前文的分析可以看出，如果要让分布式仿真系统以较快的速度推进仿真，有两种途径，要么减少入盟的联邦成员个数，要么加大仿真推进的时间步长。基于 HLA 构建仿真系统，一个重要的目的就是提高系统的集成规模，所以，不可能以较少的成员入盟来获取较快的仿真推进速度，可行的方案就只有选择较大的仿真推进步长来提高仿真推进速度了。

航天任务仿真系统正如现实中的物理系统那样，在绝大多数时间里，都运行在有条不紊的状态下：航天器在正常的轨道上自由飞行，航天器子系统的各系统都在有序工作，测控站和控制中心组成的 TT&C 网络履行着对航天器的测控作用……本书称这种情况为稳定状态。对应于稳定状态的是有事件发生的状态，如在某时刻航天器进行了轨道机动，航天器的轨道参数将在某一段时间内发生急剧改变，本书将其定义为改变状态。

在稳定状态下，仿真系统可以按照任意长的确定时间步长推进，不会影响到系统的运行逻辑和仿真结果。但在改变状态时，仿真组件的运行状态发生改变后，如果其他组件不能在第一时间得到组件状态改变通知而作出必要的响应，就会影响仿真结果。

如果使用定步长的时间推进策略，时间推进的每一个步点不可能总是恰好落在状态改变时刻。由于消息总是在时间点处才能被接收，所以从事件发生到其他组件得到事件发生的数据，这个过程中必然有一个时间差，这个时间差的最大值就是时间步长。如图 6 - 3 所示，图中每一个刻度代表一个推进时间点。

为了减少这种时间差对仿真结果的影响，最简单的办法是减小时间步长，使时间差小到系统可以接受的程度。但从第 6.2 节的分

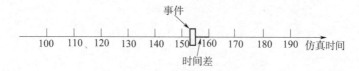

图 6 - 3　固定时间步长中的事件

析可以看出，减小时间步长的结果必然是低下的系统推进效率。以牺牲推进效率的代价换取仿真结果的正确性，这种方法绝不是解决问题的首要选择。

　　既然系统在大多数情况下都运行在稳定状态，事件只是偶尔发生，是不是可以考虑采用以参考时间步长为基础的动态时间步长来解决这个问题？在稳定状态下，系统以参考时间步长进行推进，一旦有事件发生，就在事件发生时刻插入一个新的推进时间点，调整时间步长使下一个新的推进时间点刚好落在事件发生时刻，如图 6 - 4 所示。

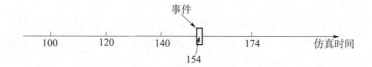

图 6 - 4　动态时间步长时的事件

　　当有事件在 154 处发生时，在 154 处添加一个新的推进时间点，步长就更改为 14，而不是先前的 20。只做这一点并不能完全保证仿真逻辑的正确性，因为在仿真推进过程中，分时选择（time sharing option，TSO）消息都有一个前瞻量 L，事件消息在 T 时刻发出后，其他组件在 $T+L$ 前是无法接收的，如果 L 不为 0，事件仍然无法及时处理。所以需要把前瞻量 L 设为 0，使事件数据的发出与接收都在同一个时间点上完成。当前瞻量为 0 时，系统的时间推进又添加了一些新的限制，因为前瞻量的引入是为了保证系统不会出现死锁的状态。一旦前瞻量设为 0，就需要通过其他途径保证系统能够顺利运行，这将是第 6.3.2 节要讨论的主要内容。

采取较大的时间步长进行系统推进，还存在另外的问题。当系统需要较高的数据交互频率时，如进行交会对接仿真、空间拦截仿真和在轨干扰仿真时，都需要主动航天器高动态地获知目标航天器的轨道数据。此时较大的时间步长对应的较低数据更新频率必然无法满足要求；而如果采用较小的时间步长以获得必需的数据更新频率，则势必会造成系统的推进效率低下。无论是采用固定时间步长推进还是采用以参考步长为基础的变步长推进，仅靠组件间的数据交互、较高系统推进速度和较高的数据更新频率就成了"鱼与熊掌不能兼得"。

不如换个角度思考，抛开问题的物理本质。在物理系统中，主动航天器需要的数据必须是对目标的测量，但在仿真中这种主体与属性的关系却是可以变通的。既然目标的运动在没有新事件发生前是确定的，也就是说是可以预测的，那么主动航天器就可以通过曾经接收到的数据对目标数据按自身的要求进行本地生成。也就是说，通过把曾经接到的目标数据值作为系统初值，进行数据的本地计算。这种设计虽然有悖于分布式仿真系统的设计原则，但考虑到需要采取这种方法的组件是相对少的，而且发生在相对短的时间段里，并不会太大地影响到系统的整体性能，所以是一种为达到系统功能而进行的有益妥协。作者认为这种妥协是合理的，有助于系统的总体设计与实现，这是因为随着计算机性能的提高，计算量不会是系统集成的主要制约因素，复杂度才是主要的，部分数据本地计算的设计并没有大幅增加单个组件的系统复杂度。

采用这种数据的本地计算方法，为了保证两处计算结果的一致性，有两个问题必须在系统设计时予以解决，一是轨道模型的一致性问题，二是轨道方程求解方法的一致性问题。航天任务仿真系统在设计联邦对象时，orbiter 的属性值中有一个 orbitOptions 属性，它是轨道模型的描述变量，是一个 2 字节值，共 16 位，这个变量既指出了轨道方程的计算方法，又标志出了轨道模型的细度。

　　为了实现轨道模型和计算方法的一致性，应该使用同一个轨道计算模块，该模块提供统一的用户接口。

　　论文《飞行器动力学的分布式并行计算方法探讨》还给出了一种在一个时间点上提供多组交互数据的方案，实验结果表明，该方案也可以在提供足够数据更新频率的情况下取得满意的系统推进速度。但使用中发现，这种设计需要在系统运行之初就清楚地知道数据更新频率的具体需求，这对于系统的适应性来说无疑设置了不必要的障碍。还有一个事实，绝大多数组件并不需要如此大量的数据，为组织这些数据的发送与接收付出的代价有些得不偿失，但这种方法也不失为一种解决高频率数据交互问题的办法。

6.3.2　步长自适应推进

　　为了实现在第 6.1.2 节中提出的三个目标，航天任务仿真系统的时间同步管理主要采用两种技术，一是事件驱动为基础的步长自适应推进，二是以零前瞻量和组合推进为基础的事件即时处理。

　　每个入盟的联邦成员在联邦执行内都具有一个确定的逻辑时间，这个逻辑时间是成员个体行为的时间坐标，HLA 要求每个成员的数据发布行为都必须与联邦时间轴绑定。航天任务仿真系统采用步进的时间推进方式，各个成员按步向 RTI 申请推进时间，在每个时间步长里，所有在联邦执行内的成员之间通过协调取得一致步伐。

　　在步进的时间管理策略下，所有成员的推进时间步长都是一个定值，各个成员按照自己的步长进行独立的时间推进。当系统作为虚拟场景时，各组件的时间步长可以是不同的，因为它同样可以保证系统因果逻辑的正确性，但作为科学仿真，仿真数据与时间密切相关，为了取得时间与数据的绝对一致，一般对所有成员的推进时间步长都取相同的值。

　　在设计航天任务仿真系统的时间推进逻辑时，采取以参考步长为基础的弹性时间步长，其本质也是步进的时间管理策略，只是要求仿真的时间推进步长可以按要求在联邦执行范围内统一进行动态的更改，以适应仿真系统的需求。

在航天任务仿真系统中，只有需要处理突发事件的联邦成员才有进行时间步长更改的需求，这是因为事件不会总是恰好发生在原先设定的时间步点上。当一个入盟联邦成员进行时间步长更改时，要求联邦执行内所有入盟联邦成员都能按照它的需要进行步长更改，以保证系统仍然严格同步。当事件数据处理完成后，后续步长仍然采用设定的参考时间步长。如果在同一时刻有多个成员进行了时间更改操作，除非所有要求更改的步长都是相同的数值，否则系统将按所有步长更改申请中最小的值作为下一次推进的步长。

HLA 时间推进服务中的 NER 和 NERA 是基于事件驱动的仿真系统时间推进服务，当成员通过 NER/NERA 向 RTI 申请推进到时间 T_R 时，如果 RTI 中成员的 TSO 队列中有时间标签小于或等于 T_R 的消息，RTI 将发送时间标签最小的消息（设时间标签为 T_S）给成员（包括所有时间标签与 T_S 相同的消息），然后许可推进申请，将把成员的逻辑时间推进到时间 T，T 是 T_R 和 T_S 中的较小值。

本章采用发送空消息的方式预订时间推进的下一次推进的时间步长。每个成员都通过发送空消息的方式向 RTI 预订下一个时间点，而空消息的时间标签就是所设置时间点处的联邦时间。当成员向 RTI 申请推进到这个时间点时，RTI 将发送时间标签最小的空消息给联邦成员，同时许可每一个联邦成员推进到这个最小时间点。一旦系统完成推进，其他没有被选用的空消息需要被撤回，完成一次完整的时间推进。

图 6-5 描述的就是系统的一般推进过程，图中只画出了三个成员——A，B 和 C，但描绘出了三种推进情形。一是没有任何成员改变预设的推进步长，二是只有一个成员改变推进步长，三是有两个成员同时更改推进步长。图中自上而下，按推进过程中的不同状态描绘出四幅状态图，见图 6-5（a）~（d）。每一幅都描出了 A，B 和 C 三成员历史上的推进时间点、当前逻辑时间点和下一个时间预订点。灰色标出的为预订点，最靠近灰色标记的左侧值为当前逻辑

时间，再向左是时间历程中的历史推进时间点，最下端的数值为联邦时间轴坐标值。

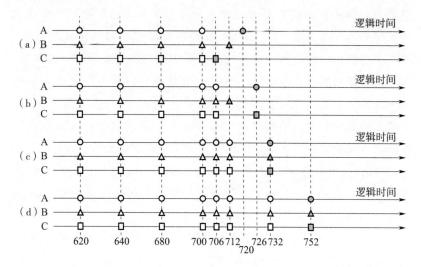

图 6-5　协调推进过程

　　A，B 和 C 三个成员在 700 以前一直按预设的参考时间步长向前推进，到达 700 后，A 仍然使用参考步长预订下一个时间点，而 B 和 C 都做出了更改下一个推进步长的决定，其中 B 把步长更改为 12，预订的下一时间点为 712，C 把步长改为 6，预订的下一个时间点为 706，见图 6-5（a）。

　　在进行推进时，由于三个成员都选择最小的步长预订点，即 C 的预订点，进行推进，所以 A，B，C 共同推进到 706 后，这一轮的时间推进结束，准备新一轮的时间推进。

　　在 706 点，A 和 C 都按参考步长进行推进，故其下一时间点的预订均为 726，B 在评估后认为下一次的时间点应该设在 712 处，故 B 把步长更改为 6，相应的下一时间点预订为 712。系统在推进时，仍然按取最近时间点的设定，选择 712 作为下一个时间点，故系统推进到 712，见图 6-5（b）。

　　在图 6-5（c）和图 6-5（d）中，三个成员都做出了相同的时

间点预订，故系统能同时满足它们的需求，分别直接推进到 732 和
752，这也是正常推进的情形。

　　在上面描述的系统推进过程中，联邦执行内所有入盟联邦成员
在申请推进时，所考量的只有如何确定自己的下一个时间点，而实
际时间点的选择是由 RTI 和系统的推进机制决定的，实现了在联邦
执行范围内的步长动态选择。

　　从表面上看，推进过程看似不与时间步长相关联；而实际上，
该推进机制的主要依据仍然是步进的时间推进策略，只是采用了以
事件为导向的步长设置方法以获得动态的时间步长判断和确定。

　　成员在进行下一个时间点的预订时，采用发送空消息的方式进
行，消息的时间标签与发送成员当前的逻辑时间差值就是适合本成
员需要的下一个推进时间步长。在航天任务仿真系统的交互类中，
设置一个 nullMessage 交互类，用来供所有入盟的联邦成员进行彼此
协调推进。nullMessage 交互类不含任何参数，它的作用是辅助性的
和象征性的，只用于系统间进行时间推进的协调。

　　所有入盟的联邦成员都向 RTI 声明发布该交互类，同时也声明
订购该交互类，当一个成员发送该交互类时，联邦执行内的所有成
员都将收到。前瞻量的引入，一个重要的作用就是它可以有效避免
系统陷于死锁，当前瞻量设为 0 时，系统推进就会极易陷于死锁。
航天任务仿真系统为实现数据的即时处理，使用零前瞻量，这种策
略的推进受到更多的限制。使用 nullMessage 消息，使系统可以按事
件驱动的形式进行仿真推进，避免系统陷于死锁，也实现了仿真推
进步长的动态选择。

　　图 6 - 6 是联邦执行范围内只有三个成员时，对应的 TSO 队列
在时间推进过程中的状态示意图。T 标志的是成员的逻辑时间，由
于是步进的时间推进策略，所以各成员具有相同的逻辑时间。
NMRA 是 nextMessageRequestAvailable 时间推进服务，其相应行
的数值分别为 A，B，C 对应的推进申请时间。A，B，C 分别对应
于一个成员，其对应列中上部连续的两块为 RTI 为其准备的 TSO 队

列示意图，因为有三个成员，每个推进循环中，成员最多只会收到两个其他成员的 nullMessage 消息（忽略任何其他的消息）。grant 表明 RTI 许可推进，retract 表明成员进行消息回撤操作。图 6 - 6 与图 6 - 5 是相对应的，阅读时可以相互参考，图 6 - 6 仅画出了从 700 开始的一次推进。

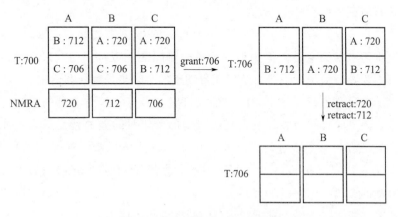

图 6 - 6　三成员的 TSO 队列状态示意图

在 700 时，A，B，C 三成员分别预订了三个时间点，A：720，B：712，C：706，相应的，它们都有理由相信自己的申请会得到许可，所以它们申请推进到的时间分别为：A：720，B：712，C：706。在使用 NMRA 向 RTI 进行推进申请时，因为 A，B 的 TSO 队列中时间标签最小的消息 C：706 均小于 A，B 的申请时间 720 和 712，所以 C：706 被发送给 A，B，时间推进被许可到 706。C 因为 TSO 队列中的最小时间标签消息为 B：712，该消息的时间标签 712 大于申请时间 706，没有消息可供发送，推进也被许可到 706，所以三个成员的逻辑时间都推进到了 706，此时 RTI 中的 TSO 队列情形如图 6 - 6 中右上图所示。推进完成后，推进前各成员所做的时间点预订已经有了确实的结果，没有被选择的将需要回撤，以为下一次的推进做准备。回撤的原则是"谁发出谁撤回"，这也是 HLA 标准要求的，由于这次推进采用的是 C 的预定点，所以 A 和 B 的预订点就不再有效，需要撤回。当 A 和 B 调用 retract 服务撤回指定消息时，三成员 TSO 队列中所有的消息因为尚未发出，直接被撤掉，如图 6-6 中右下图所示。这就是通过发送 nullMessage 消息预订时间点，按事件驱动方式进行时间推进的一般过程，它也是推进步长自动选择的过程。

6.3.3　事件即时处理

所谓事件即时处理，是指数据在哪个逻辑时间被发出，就被接收它的成员在那个逻辑时间下处理完毕。之所以采用这种处理技术，是由航天任务仿真系统的系统组织特点决定的。航天任务仿真系统把航天器系统拆分成不同的仿真组件，而各个仿真组件间需要数据交换以保证数据的时空一致性。如有效载荷组件发出的信息就可能需要包含轨道器组件的轨道数据，如果有效载荷在 T 时刻发出的数据包含的是 $T-1$ 时刻的轨道数据，显然是不合适的。另外的情况也是在交互仿真中比较普遍的并发事件，如轨道拦截中拦截器与目标遭遇时，拦截器发出的碰撞事件需要在相同的逻辑时间下被目标所处理，并发出摧毁事件数据。

本书实现事件即时处理时采用零前瞻量和组合推进的方法。正如 6.3.2 节中所描述的一样，HLA 提供了 5 种时间推进服务，它们都可以独立进行推进操作，但彼此在使用中略有差异，主要表现在它们具有不同的行为，不同的使用限制条件和不同的推进许可条件。

HLA 的 5 种推进服务中，有 2 种是比较特殊的，它们是 TARA 和 NMRA。这两种服务与其他服务的差别在于，在零前瞻量的情形下，当 NMRA 和 TARA 被许可时，成员仍然可以发送时间标签等于当前逻辑时间的消息，而 TAR 和 NMR 在许可时，成员不再允许发送任何时间标签小于或等于当前逻辑时间的消息。正是由于这种差别，使得事件即时处理的目标得以实现。

这里把 TARA 和 NMRA 的推进称作 TR-推进，表示它虽然申请推进到 TR，但仍然可以发送时间标签等于 TR 的消息；相应的

TAR 和 NMR 则称为 TR 推进，本书设计的组合推进采用 TR -加
TR 的方式进行。在 TARA 和 NMRA 中，NMRA 是为事件驱动的
仿真准备的，所以航天任务仿真系统在进行 TR -推进时采用的是
NMRA。因为对于 TR 推进没有特殊要求，所以本书使用了 TAR。

这种 TR -加 TR 的组合推进过程如下：首先采用 TR -方式推进
到时刻 $LT+ST$；然后进行相关的逻辑状态计算和 $LT+ST$ 时刻的
数据发布；接着采用 TR 方式推进到 $LT+ST$，处理刚接收到
的 $LT+ST$ 时刻的数据并进行相应的处理。这个过程如图 6 - 7 所
示，图中描绘的是一次完整的推进过程，包括两次推进操作，一次
TR -推进和一次 TR 推进，主要操作都用不同的图案进行了区别。
图 6 - 7 中，TS 指消息的时间标签，LT 指推进开始时的逻辑时间，
ST 指时间步长。

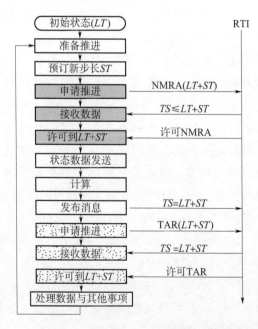

图 6 - 7 TR -加 TR 组合推进示意图

采用这种组合推进技术，在一个完整的推进循环中存在二次推

进操作，第一次主要进行步长的动态选择，并兼作数据处理与发送；第二次接收当前时刻产生的数据，对这些数据作出即时响应，并彻底完成本次逻辑推进过程中需要处理的数据。第 6.2 节表明较小的时间步长对应较低的系统推进效率，其本质是较小的时间步长对应较多次数的组件同步协调操作，可以说是更多的同步协调操作将对应更低的系统推进效率。在组合推进中存在二次推进操作，带来的问题是，在每一次完整的推进过程中都存在二次组件间的同步协调，势必会为系统的推进效率带来不利影响。

本书的观点是，虽然采用组合推进会对系统推进效率带来不利影响，但由于弹性步长的存在，使得系统在正常情况下可以采用更大的步长进行系统推进，完全可以抵消这一部分的消极影响，并为系统的推进作出更大的贡献。就系统的总体性能来讲，仍然趋向于积极的一面。

正如前文描述的那样，在一次时间推进操作中存在 TR -推进和 TR 推进两次时间推进申请，而 TR 推进申请许可后，成员不允许发送时间标签为当地逻辑时间的数据。由于此时下一时间步的步长并没有确定下来，所以也无法为其他大于当地逻辑时间的数据发送时间标签。下一个步长将直到下一次推进操作的 TR -申请许可后才能确定，如果发送时间标签大于成员逻辑时间的消息，则会使基于事件驱动的步长自动判断失效，但是事件即时响应后处理完成的数据必须发出才能完成仿真组件在仿真系统中所扮演的角色。

把在 TR 推进许可后完成的计算数据，也就是事件即时响应后的处理数据，简称为事件响应数据。事件响应数据必须得到发送，才能完成整个仿真系统的功能。围绕事件处理数据发送时机的选择，产生了两种方案，一种是滞后的方案，另一种是即时的方案。

滞后方案仍然采用前面所述的 TR -加 TR 推进组合进行成员逻辑时间的推进，而把事件处理数据的发布放在 TR -时间推进申请已经许可而本地物理模型状态尚未改变时。此时，联邦范围内新的时间步长已经确定，成员可以根据这个步长更新自身的物理模型状态，并组织发送事件数据。而一旦物理模型的状态数据被更改，成员的物理模型数据就不再具有时间的一致性，下次取得一致的时机将只能在接下来的 TR 推进申请许可后；所以事件响应数据的发送时间应该选在 TR-申请已经许可，但本地物理模型数据尚得到更改前进行。在图 6-7 中，这个发送时机是指紧随"许可 $LT+ST$"后，标为"状态数据发送"的环节，在这种情况下，仿真数据将总是比联邦逻辑时间滞后一个局部时间步长，所以称其为滞后方案。

即时方案，顾名思义，就是把事件处理数据及时发送出去的解决方案。从前面的分析可以看出，在保留 TR-加 TR 组合推进的情况下，满足这种要求是不可能的，也就是说，要实现这种方案必须更改系统推进方案。为了保留弹性步长，基于 NMRA 的 TR-推进仍然不可或缺，所以更改的系统推进方案仍然基于组合推进思想。既然 TR-加 TR 推进组合不能提供数据的即时发送时机，顺理成章的想法就是再增加一个推进环节以提供事件处理数据的发送时机。为了不致影响基于事件驱动的弹性步长策略，必须保证在新的推进操作开始前清空成员的消息队列，所以新的组合推进方案增加了一个 $TR+\varepsilon$ 推进环节，如图 6-8 所示，新的推进组合就称为 TR-加 TR 加 $TR+\varepsilon$ 推进方案。

在 TR-加 TR 加 $TR+\varepsilon$ 组合推进情形下，事件处理数据将在 TR 推进许可后完成计算并发送出来；而数据的接收方将在 $TR+\varepsilon$ 申请许可前得到这些数据，并有机会完成数据处理。那什么是 ε，为什么是 ε 呢？

ε 是逻辑时间类的最小时间分辨能力，在本书的研究中，逻辑时间采用的是以微秒为单位的整型数，所以 ε 就是 1 μs。在仿真过程中，ε 是个足够小的时间表达单位，联邦的时间推进操作一般情况下不会触及逻辑时间表达的这个最小值，但在逻辑时间的运算中该值是能为 RTI 所分辨的最小时间单位。既然成员不可能以 ε 为步长进行时间推进，那么 TR-加 TR 加 $TR+\varepsilon$ 组合就不可能影响到联邦的

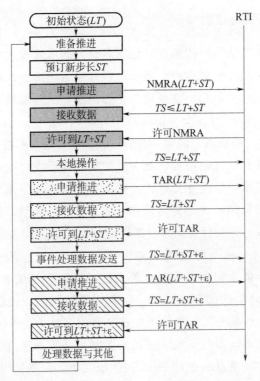

图 6-8　TR-加 TR 加 TR＋ε 组合推进示意图

下一次步进操作，保证了基于事件驱动的弹性步长机制不会受到干扰。

两种推进组合中，TR-加 TR 组合在一次时间推进操作中只有两次同步协调，仿真数据将总比联邦逻辑时间滞后一个局部时间步长。TR-加 TR 加 TR＋ε 组合在一次时间推进操作中具有三次同步操作，但可以实现事件数据的即时处理。两种推进组合方案各有优缺点，作者认为三次同步给系统推进效率带来的负面影响更大，而仿真数据的滞后并不能改变仿真结果的逻辑正确性，所以本书采用的是 TR-加 TR 推进组合。

6.3.4　成员推进逻辑

前面的几节从不同的角度，分别对时间同步管理进行了局部的描述，虽然各部分的观点得以展示，但对于系统完整时间推进过程的逻辑仍然没有全局观，需要进行全面的逻辑描述以使整个时间推进逻辑连贯起来。

基于 HLA 的仿真系统是一种分布式的并行仿真系统，其逻辑关系在本质上具有并行的特点。分布式仿真的计算支撑技术就是分布式并行计算技术，但这种分布式并行的特点为描述带来了不小的麻烦。传统的流程图，无论是方块图，还是 NS 流程图，都无法确切地描述这种具有并发性质的并行逻辑。

Petri 网是一种图形化数学建模工具，适于描述具有并发、异步、并行、不确定和随机等特点的系统。Petri 网拥有显著的特点：Petri 网具有简单的图形表达——代表库所的圆圈，表征变迁的方块，还有作为令牌的圆点和作为变迁路径的有向弧；Petri 网还具有明确的数学基础，图形系统表达的行为和性质可以通过数学的手段进行计算。本文重点不在对 Petri 网的研究上，只是借用了 Petri 网本身具有的描述并行系统的能力来描述航天任务仿真系统中的时间推进逻辑。为便于构建共同的理解基础和作为知识预备，首先对 petri 网的定义和性质作一点简单介绍。

Petri 网定义为：一个 5 元式

$$PN = (P, T, F, W, M_0)$$

称为 Petri 网。

式中　$P = \{p_1, p_2, \cdots, p_m\}$——库所集；

　　　$T = \{t_1, t_2, \cdots, t_n\}$——变迁集；

　　　$F \subseteq \{P \times T\} \cup (T \times P)$——流关系集；

　　　$W: F \to \{1, 2, 3, \cdots\}$——权函数；

　　　$M_0: P \to \{0, 1, 2, 3, \cdots\}$——初始标志；

　　　$P \cap T = \phi,\ P \cup T \neq \phi$。

以一个例子来说明 Petri 网的工作原理和过程。图 6 - 9 是一个简单的 Petri 网，它是 MURATA 在描述 Petri 网时给出的，因为其清晰明了的特点，在这里借用。

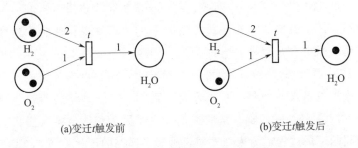

(a)变迁 t 触发前　　　　　　　　(b)变迁 t 触发后

图 6 - 9　Petri 网描述的 H_2O 生成

图 6 - 9 描述的是 H_2 和 O_2 生成 H_2O 的过程，图中的两个状态图，(a) 图为变迁 t 触发前的情况，(b) 图为 t 触发后的情况。它们各有 3 个库所，以圆圈标出，分别代表 H_2，O_2 和 H_2O；1 个变迁 t，以方块标出；3 条有向弧，每条弧都有权值，库所中的圆点为令牌（token）。

Petri 网的变迁规则：

1）一个变迁被称为激活的（enabled）的条件是，当且仅当所有的输入库所 p 具有最少 $w(p,t)$ 个令牌，此处 $w(p,t)$ 是从 p 到 t 的有向弧的权重；

2）一个激活的变迁，可以引发，也可以不引发（引发与否取决于事件是否发生）；

3）激活的变迁 t 引发一次后，将从每个输入库所中减去 $w(p,t)$ 个令牌，向每个输出库所中加入 $w(t,p)$ 个令牌，此处 $w(t,p)$ 为 t 到 p 的有向弧权重。

库所和变迁是 Petri 网的主要元素，库所表达的是一种状态，而变迁表达的是动作或改变，库所与变迁间以有向弧连接，弧具有权重。

在航天任务仿真系统中，控制中心、测控站、轨道器、姿态器、有效载荷和应用终端都采用既时间控制又时间受限的时间管理策略，为了实现联邦范围内时间推进机制的一致性，都使用相同的设置，通过选择数据发送时间彼此进行区别。

图 6-10 就是用 Petri 网描述的单个成员仿真推进流程图，该流程图适合于航天任务仿真系统中最复杂的、需要进行即时事件处理的成员。图中含有两种底色的图形，白色的为成员逻辑部分，灰色的为 RTI 逻辑部分。从图中可以明显看出，两种色彩各构成一个回路，成员逻辑表现的是主仿真循环，而 RTI 严格来说并不是回路，因为 RTI 沿联邦时间轴总是前进的，只是因为相同的推进操作会对应相同的逻辑过程，为表现方便也画成了回路的形式。

图 6-10 中 LT 为当前逻辑时间，ST 为成员申请推进时给定的时间步长，ST^* 为 RTI 许可推进后的实际时间步长，N 为 nullMessage 消息，M 泛指除 N 以外的各种消息，括号内的值为限制条件或对应的逻辑时间，NMRA 和 TAR 分别对应 HLA 的时间推进申请服务。

由于令牌是一个变迁能否引发的基本条件，所以图 6-10 中的流程起始处在标有令牌（圆点）的"就绪"状态处，需要注意的是图中有向弧权重为 1 的情况全部略写。

Petri 网从含有令牌的库所开始，令牌沿有向弧指向进行运动。每到一个库所，面临变迁时，总要判断是否够条件引发该变迁，只有满足条件的变迁才能被引发，否则就等到条件满足为止。

图 6-10 中成员在就绪姿态准备进行时间推进，此时逻辑时间为 LT，首先发送以 $LT+ST$ 为时间标签的 nullMessage 到 RTI 来预订下一步的推进步长，该成员的理想步长为 ST；接着以 NMRA 服务申请推进到 $LT+ST$。RTI 接到申请后计算所有参与申请的 ST 之最小值 ST^*，系统认为可以把联邦时间推进到 $LT+ST^*$，故分发时间标签为 $LT+ST^*$ 的 nullMessage 消息到成员，并准许联邦成员推进逻辑时间到 $LT+ST^*$。成员得到许可后，判断新的步长是否是自己订购的步长，如果是就进行下一步的处理，否则就先撤销先前

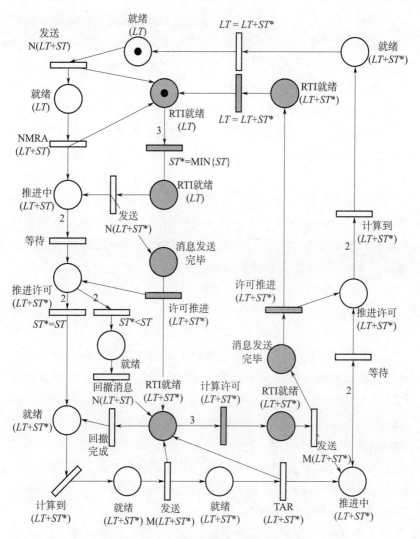

图 6-10　单个成员的仿真推进逻辑图

的预订消息再进行下一步的操作。

　　在系统联邦时间为 $LT+ST^*$ 处，由于成员使用的是 NMRA 推进，所以有权发送时间标签为 $LT+ST^*$ 的消息，这是系统进行事件即时处理的核心部分。接着成员把自身物理时间推进到 $LT+ST^*$ 对应的位置，然后以 $LT+ST^*$ 为时间标签发送新的消息，完毕后调用 TAR 服务向 RTI 申请推进逻辑时间到 $LT+ST^*$。RTI 收到申请后在保证该成员不会再收到时间标签小于 $LT+ST^*$ 的消息后，许可推进请求并把联邦时间推进到 $LT+ST^*$（拒绝任何成员再发送时间标签不大于 $LT+ST^*$ 的消息）。

成员的一轮时间推进操作完成，联邦时间推进到 $LT+ST^*$，成员逻辑时间也推进到了 $LT+ST^*$，把当前状态作为下一轮推进的初始状态。

图 6-11 是两个成员的仿真推进逻辑图，由于两个成员已经能够表达彼此间的协调关系，且更多的成员加入会破坏流程图的可读性，故只画出了两个成员。由图 6-11 可见，两个成员的仿真推进逻辑图几乎就是两个单成员情况的叠加。

6.4　小结

本章为满足航天任务仿真系统对于时间同步管理的需求，以动态步长技术和事件即时处理技术为基础，设计了航天任务仿真系统各成员都适用的时间推进逻辑。

动态步长技术是以事件驱动技术为基础实现的，必须配以消息的回撤操作才能完成。各个成员都有机会提出自己的要求，只有推进步伐最小的那个预订才能成为实际的推进步长。该方法具有高度的动态性和灵活性，以及联邦执行内的一致性，完全可以满足航天任务仿真系统对于推进步长动态选择的需求。

事件即时处理技术是采用零前瞻量技术和组合推进技术实现的。优点是可以实现事件的即时处理，缺点是增加了每次仿真推进循环中的时间同步次数。就总体性能而言，弹性步长的时间推进策略和组合推进技术在保证仿真逻辑正确性的同时可以取得满意的系统推进效率。

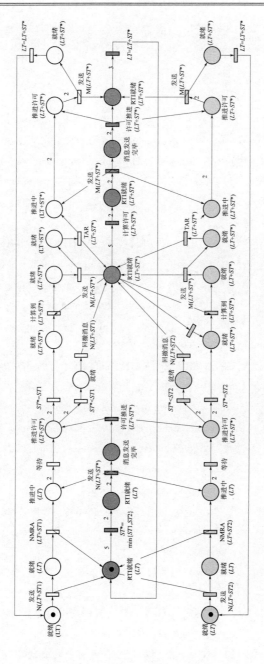

图6-11　两成员的仿真推进逻辑图

参 考 文 献

[1]   FUJIMOTO R M. Time management in the High Level Architecture [C] //Simulation special Issue on High Level Architecture, 1998.

[2]   FUJIMOTO R M, WEATHERLY R M. Time management in the DoD High Level Architecture [C] //10th. Workshop on Parallel Distributed Simulation, 1996.

[3]   CAROTHERS C D, FUJIMOTO R M, WEATHERLY R M, et al. Design and implementation of HLA time management in The RTI Version F. 0 [C] //Proceedings of the 1997 Winter Simulation Conference, 1997.

[4]   MCLEAN T, FUJIMOTO R. Predictable time management for real-time distributed simulation [C] //Proceedings of the Seventeenth Workshop on Parallel and Distributed Simulation, 2003.

[5]   PERUMALLA K S, PARK A, FUJIMOTO R M. Scalable RTI-based parallel simulation of networks [C] //Proceedings of the Seventeenth Workshop on Parallel and Distributed Simulation, 2003.

[6]   FUJIMOTO R M. Parallel and distributed simulation systems [C] //Proceedings of the 2001 Winter Simulation Conference, 2001.

[7]   FUJIMOTO R M. Distributed Simulation Systems [C] //Proceedings of the 2003 Winter Simulation Conference, 2003.

[8]   FUJIMOTO R M. Zero lookahead and repeatability in the High Level Architecture [C] // Proceedings of the 1997 Spring Simulation Interoperability Workshop, Orlando, 1997.

[9]   郑伟，钟联炯. HLA/RTI 时间管理的分析与研究 [J]. 西安工业学院学报，2003, 23 (1): 11-15.

[10]   牛彦海，徐哲峰，李国辉. HLA/RTI 仿真框架中时间管理的互操作研究 [J]. 科技情报开发与经济，2004, 14 (4): 138-139.

[11]   姚益平，卢锡城. HLA/RTI 时间管理的一种优化算法 [J]. 电子学

报，2004，32（2）：294 - 297.

[12] 张亚崇，严海蓉，孙国基，等．HLA/RTI 中的时间管理机制分析［J］. 计算机应用，2003，（7）：105 - 107.

[13] 陈凌云，姜振东．HLA/RTI 中时间管理服务研究［J］. 指挥技术学院学报，2001，12（6）：63 - 67.

[14] 侯迎春．HLA 及其时间管理［J］. 装备指挥技术学院学报，2003，14（4）：55 - 58.

[15] 欧阳伶俐，宋星，卿杜政，等．HLA 时间管理与 PDES 仿真算法研究［J］. 系统仿真学报，2000，12（3）：237 - 240.

[16] 刘步权，王怀民，姚益平．HLA 时间管理中的死锁问题研究［J］. 电子学报，2006，34（11）：2038 - 2042.

[17] 胡依娜，侯朝桢，唐京桥．HLA 时间管理中死锁的解除［J］. 系统仿真学报，2005，17（6）：1396 - 1399.

[18] 黄健，黄柯棣．HLA 中的时间管理［J］. 计算机仿真，2000，17（4）：69 - 73.

[19] 翟永翠，程健庆．HLA 中时间管理及对实时仿真改善方法的研究［J］. 计算机仿真，2003，20（8）：144 - 147.

[20] 唐京桥，侯朝桢，胡依娜．Lookahead 为零时的仿真［J］. 微计算机信息，2005，21（9 - 3）：162 - 164.

[21] 张龙，尹文君，柴旭东，等．RTI 系统时间管理算法研究［J］. 系统仿真学报，2000，12（5）：494 - 498.

[22] 张亚崇，孙国基，严海蓉，等．RTI 中时间推进机制的研究［J］. 计算机应用研究，2005，（3）：104 - 106.

[23] 王学慧，李革，邱晓刚，等．并行分布仿真中前瞻量问题的研究［J］. 系统仿真学报，2006，18（3）：623 - 625.

[24] 刘步权．分布式仿真运行支撑平台中时间管理服务的研究［D］. 长沙：国防科学技术大学，2004.

[25] 邱晓刚，黄柯棣．分布仿真的时间推进机制：HLA 时间管理服务［J］. 系统工程与电子技术，1999，21（4）：55 - 59.

[26] 韩林，刘步权，姚益平，等．符合 IEEE1516 规范的 HLA/RTI 时间管理［J］. 计算机仿真，2003，20（6）：14 - 16.

[27] 黄树彩，李为民，刘兴堂．高层体系结构的时间管理技术［J］. 空军

工程大学学报，2000，1 (1)：64 - 68.

[28]　严海蓉，孙国基，张亚崇，等．基于 HLA 的乐观时间同步的实现研究
　　　　[J]．系统仿真学报，2004，16 (2)：281 - 283.

[29]　钟海荣，刘晓建，金士尧，等．基于区域预测的 HLA/RTI 时间推进优
　　　　化策略 [J]．计算机工程与科学，2004.

第7章 航天任务三维视景仿真技术

利用视景仿真技术，开发三维可视化仿真软件，通常需要完成3部分工作：

1）建立三维模型（包括实体模型和地形模型）；

2）利用可视化视景驱动引擎控制实体的运动，并进行特效渲染，以实现场景的动态显示；

3）开发仿真系统应用程序框架，通过调用视景驱动函数实现对场景的控制，完成所需任务场景的仿真。

通过3部分工作的有序结合，三维视景实时应用程序即可实现三维场景显示，其基本流程如图7-1所示。

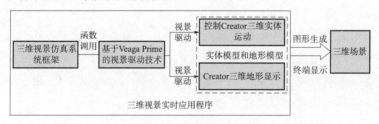

图7-1 三维视景实时应用程序基本工作流程

本章根据三维视景实时应用程序工作流程，面向应用程序的开发需求，介绍开发航天任务三维视景仿真所涉及的相关技术。

7.1 三维视景实时应用

7.1.1 三维视景实时应用的软硬件组成

三维视景实时应用主要用于可视化仿真，需要对用户输入作出反应，例如飞行训练、航天任务模拟和交互式建筑演示。通常一个基本的三维视景仿真实时应用由以下几个软硬件部分组成。

（1）实时应用程序

实时应用程序为视景仿真应用的软件组成部分，该软件响应用户的操作和控制，控制图形设备实现场景的显示，例如用户如何在场景中运动，完成预先设定的场景中诸如汽车等模型的运动、飞机的飞行、碰撞检测等各种各样的动态事件，并按照仿真的需求完成各种特效（如：爆炸等）的渲染和绘制。

从上述对实时应用程序的介绍可以看出，实时应用程序负责实现从用户响应到场景绘制的整个交互回路，为视景仿真应用的核心组成部分。

（2）图像发生器

图像发生器是绘制场景的图形硬件设备，根据仿真任务的需求，可以选择不同的图像发生器来实现场景的绘制。典型的图像发生器有虚拟现实的实境引擎、无限引擎等图形工作站，也可以是 PC 或游戏控制台等。

图像发生器的性能由每帧能够绘制的多边形（frame budget）来评价，而非每秒绘制的多边形。性能由图形卡、CPU 和图像发生器硬件平台的带宽等决定。目标图像发生器（TargetIG）为运行仿真的特定的图像发生器硬件平台。

（3）显示终端

显示终端是最终将场景呈现在用户眼前的硬件设备，它将图像发生器绘制的场景通过特定的传输设备显示到屏幕上并最终发射到人眼。它可以是各种显示器，也可以是投影仪。

虽然图像发生器是视景仿真应用的硬件心脏，但是显示终端却是整个仿真的"脸"，直接影响到了整个仿真系统的用户体验，所以显示终端也是视景仿真应用重要的硬件组成部分。根据任务需求，显示终端的选择也多种多样。对于简单的仿真应用，通常普通的显示器或者单通道投影仪即可满足显示的要求，但是对于复杂的、给人强烈沉浸感的视景仿真应用，则需要构建高端多通道立体视景系统。

(4) 可视化数据库

可视化数据库用于构建场景中的三维物体或地形，它决定了描绘场景发生的时间、绘制的数据，以及怎样绘制这些数据。

在实时应用中，可视化数据库由几何体、层次结构和属性等因素来定义。Creator 三维建模软件使用通用的 OpenFlight 数据格式来存储这些信息。Creator 和 OpenFlight 均为双精度，保证了在描述复杂物体和大地形数据时能够根据需要得到足够精度的模型。

7.1.2 三维视景实时应用的工作原理

如果知道运行系统是如何处理数据的，就可以预先计划设计数据库。数据库的创建需要满足系统的运行限制。因为运行系统的诸多表现都会影响实时应用的质量，所以可以针对数据库来做一些工作，以优化性能。仔细地计划数据库的设计是得到成功结果的关键。下列运行因素对数据库的规划产生影响。

运行系统对数据库每一帧的渲染分为 3 个步骤：应用（Application），截取（Cull），绘制（Draw）。在 Application 阶段，运行系统将数据库载入，然后在另两个阶段绘制可见场景。在 Cull 阶段，运行系统遍历整个数据库来寻找视图中的数据。在 Draw 阶段，运行系统绘制视图中的数据。为了优化性能，必须合理地设计数据库结构，使得 Cull 和 Draw 两个阶段的处理时间能够平衡。

数据库场景中的物体用视锥（ViewingVolume）投射到屏幕上。在运行系统中，可以定义视锥，采用透视或正投影投射。当用透视投射时，在视锥中的物体具有深度，据屏幕近的物体显得更大。当用正投影投射时，数据库场景显得平坦。物体的尺寸并不取决于它的位置。

多边形在绘制到屏幕之前会转化为屏幕像素。重叠的多边形的像素会绘制多次，这增加了绘制时间和深度复杂性。深度复杂性是指在每一帧中每一个像素绘制的次数。可以用一些方法减少深度复杂性来满足运行系统的像素填充率（PixelFillRate），像素填充率是运行系统每秒能够绘制的像素数。

数据库层次结构中每一次的状态改变都会使绘制时间增加。当一个有一套属性或状态（如颜色、纹理）的多边形，切换到有着不同状态多边形的数据库层次结构中时，就会发生状态改变。此时可以重新安排数据库结构中的节点来减少状态的改变。

（1）渲染过程

三维渲染软件，例如运行在 IRIS 操作系统上为 SGI 计算机系统服务的 IRIS Performer（现在为 OpenGL Performer），为实时应用提供了渲染结构。此结构包括多线程（多进程）并行渲染流水线，用于场景管理和将生成的图像输出到图形流水线。

如前所述渲染过程分为：Application，Cull，Draw 三个阶段，如图 7 - 2 所示。Application 阶段载入 OpenFlight 数据以及控制设备的输入，如游戏杆或控制按钮，并将其组成为场景图形（scene graph），管理数据的数据结构。场景图形被送到软件图形流水线，进入 Cull 和 Draw 阶段。

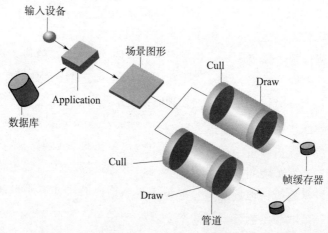

图 7 - 2　渲染阶段示意图

（2）Application，Cull，Draw

在实时应用中，运行系统对每一帧的处理分为3个阶段：Application，Cull，Draw，如图7-3所示。

图7-3 帧处理过程

1）在Application阶段，实时系统读取控制设备（操纵杆、控制台按钮以及其他仿真输入）的输入和视点的位置；计算模型、管理有交互关系的网络仿真器，并且将信息送给设备和控制器以计算最终的场景。

2）在Cull阶段，运行系统搜索数据库层次结构，根据几何体的边界锥（边界锥为包含几何体的立方体、球或者圆柱，用来判断几何体是否在视图中）寻找数据库中有可能被显示的部分。如果模型不在视图范围内，将被剔除显示列表，以提高运行时的效果。

作为Cull阶段的一部分，运行系统检查边界锥是否与视锥相交，与视锥相交的部分为数据库中能够在图形视图中显示的部分。Cull阶段保留的数据被保存在显示列表中，并被存在内存中供Draw阶段使用。

3）在Draw阶段，运行系统将显示列表中的数据（如几何体、纹理）渲染进系统帧缓存，然后完成绘制。显示列表只在每一帧中使用一次，然后在下一个Application，Cull和Draw循环前被删除。

（3）平衡截取和绘制

运行系统应该在截取可视数据和绘制这些数据时花费同等的时间。如果截取和绘制阶段不平衡，实时应用可能会减慢或丢失目标帧率。如果截取的时间太多，运行系统的绘制时间就会减少，因为系统正在太小分组的数据库结构中截取数据。相反，如果绘制的时间太多，运行系统就会有很少的时间来截取，因为系统正在绘制大的组。

可以通过调节组的大小来平衡截取和绘制的时间。如果运行系统花了太多的时间截取，可以在数据库层次结构中合并一些组，以增加分组尺寸的大小。同样，如果运行系统花费了太多的时间绘制，则可以通过增加分组的个数来减小每个组的尺寸。

可以检查运行系统截取、绘制和应用处理过程的统计数据来比较仿真的需要。

7.1.3　视景仿真实时应用程序的开发过程

MultiGen Paradigm 的软件产品 Creator 和 Vega，是用于创建三维实时应用的基本工具。图 7 - 4 显示了在 SGI 计算机系统中一个基本的实时应用的开发过程，简述如下。

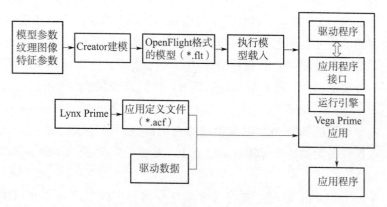

图 7 - 4　视景仿真实时应用程序开发过程

用 Creator 的地形（terrain）工具，可以将源数据（如卫星照片和数字高程数据）转成 Creator 的文件格式并用这些数据在 Creator 中创建地表。源数据也包括特征数据，可以将其转化并引入到 Creator 中，用来在地形上加入文化特征，如道路和建筑物等。

用 Creator 的建模（modeling）工具，能手工创建三维模型，并且可对地形、特征、模型加入诸如颜色、材质、纹理等属性以使建立的模型更加真实。所有的这些元素——地形、特征、模型和各种属性——组成了 Creator 可视化数据库，并且数据库里的数据是 OpenGL 应用程序接口（application programming interface，API）支持的。视景数据库存成 MultiGen Paradigm 的 OpenFlight（.flt）文件格式，该文件格式已成为大多数实时系统标准的文件格式。

Vega 开发环境可以创建实时应用。Vega 的 Lynx 功能提供了一个图形用户界面，用来创建用于实时应用的应用定义文件（application definition file，ADF）。ADF 描述了实时应用中使用的 OpenFlight 文件、运动模型及其路径、特殊效果（如爆炸等）、环境效果及其他功能。除 ADF 之外，也可以写入用户数据来满足用户的仿真需求。

可以在 Vega 的开发环境和软件库中写用户自己的代码，以产生独立的实时应用。Vega 开发环境包括 API、自定义的代码和运行引擎，如用于 SGIIRIX 的、基于 IRIS Performer 的 Per - Fly。

在图形生成器（image generator，IG）中，IRIS Performer 装载器将 Creator 中创建的 OpenFlight 文件引入 Vega 中。图形生成器是绘制场景的图形硬件，它可以是虚拟现实的实境引擎、无限引擎等图形工作站，也可以是 PC 或游戏控制台等。ADF 文件和其他用户程序也将载入到 Vega 中。

在实时应用编译后，就可以运行了。实时应用程序和计算机平台常常被一起称为运行系统（runtime system）。

7.1.4 技术路线

在进行三维视景仿真时，需要开发相应的三维视景仿真软件。仿真软件开发一般分为两个阶段：三维实体建模阶段（建立三维实体模型和地形模型）和场景驱动阶段。同时，为了开发仿真软件还需要相应的软件开发平台，如 Visual Studio C＋＋等。本章后续部分主要介绍三维视景仿真技术实现方案所需的三维实体建模软件、场景驱动软件、软件开发平台和特效制作方法。

7.2　MultiGen Creator 实体建模

　　MultiGen Creator 是一个高度专业化的工具，帮助建模者创建高效的三维模型和地形以用于交互式实时应用。本节主要介绍基于MultiGen Creator 的仿真实体建模技术。

7.2.1　OpenFlight 数据格式介绍

7.2.1.1　三维图形

　　计算机生成的二维图形仅在 X/Y 轴有水平和垂直的坐标，而三维图形除了有 X/Y 坐标外，还多了一个维度——沿 Z 轴的维度，用来定义深度信息。当光照和纹理应用于三维物体时，这个物体显得比二维的物体要真实得多。而且，能在三维空间中穿过或环绕三维模型和图形，就如同在虚拟的世界中游览一样。

　　创建的三维模型网格化为简单的凸多边形。网格化是一个将物体的数学表达转化为多个多边形的过程。简单多边形是指其每边仅仅交汇于多边形的顶点，而且交点在边的顶点上，如正方形。凸多边形没有凹口，并且其内部任意两点的连线也存在于多边形的内部。

　　多边形的简单、凸的属性使得它能被 OpenGL 所接受（OpenGL是 Creator 所使用的一种图形硬件接口程序，用来显示多边形）。其他类型的多边形由于过于复杂，使得 OpenGL 在绘制时可能得不到预期的结果。

　　满足 OpenGL 的最基本的多边形类型是三角形。Creator 将凹多边形分成三角形或其他 OpenGL 容易渲染的类型，例如图 7 - 5（b）中无效多边形中的第二种。对于 Creator 和 OpenGL 而言，正确地显示复杂多边形非常困难。在建立模型时，为了得到最好的结果，应该使用尽可能简单的多边形，如图 7 - 6 所示。OpenGL 将非规则形状的物体分解为三角形和其他规则的形状，使计算机容易管理。

　　　　（a）有效多边形　　　　　　　（b）无效多边形

图 7 - 5 有效多边形与无效多边形

　　图（a）中，所有的多边形均为简单凸多边形；它们的边只在顶点相交，并且任何连接内部两点的连线也在多边形内部。图（b）中，第一个多边形是复杂多边形，因为它有交叉的边；所有三个多边形均为凹多边形，因为其中存在连接内部两点的线经过图形外部

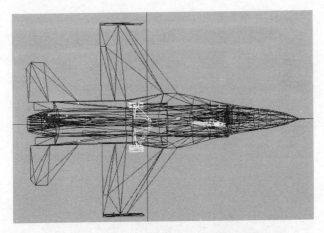

图 7 - 6　Creator 用来生成模型的多边形

　　对于 Creator 来说，三角形是最优的，原因如下：

　　1）三角形是简单的、凸多边形。

　　2）三角形的顶点总是在一个平面上。对于共面几何体而言，从三维空间投影到二维平面上时 OpenGL 总能够正确绘制，并且在三维空间旋转时，OpenGL 也能够正确地绘制。当几何体的顶点不共面时，旋转时就会复杂和凹，使得 OpenGL 不能正确绘制。

7.2.1.2　创建 OpenFlight 数据库

　　在实时应用中，模型由几何体、层次结构和属性等因素来定义。Creator 数据库在建模时使用 OpenFlight 场景描述格式，该场景描述格式也需要使用这些因素，如图 7 - 7 所示。在 Creator 中，可方便地添加和使用这些因素。

OpenFlight 格式使用数据库层次结构有两个主要目的：

1) 以节点的方式来组织，可以方便地对几何体进行编辑和移动，同时提供一个运行系统可以处理的树形结构。

2) 对数据层次结构进行设计，可帮助仿真运行得更流畅、精确和快速，但前提是理解数据库的基本组成部分（几何体、层次结构、属性）；节点类型，包括如何创建和编辑它们、如何在数据库层次结构中组织它们。

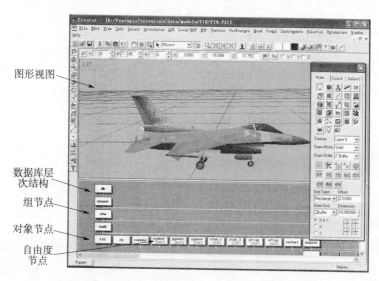

图 7 - 7　　Creator 工作界面及节点层次结构图

OpenFlight 数据库用于描述一个三维环境，包括环境看上去怎样、产生什么样的动作、如何发声等。OpenFlight 数据库在构建模型、地形和文化特征时使用几何体、层次结构和属性等因素，每种因素使用唯一的方式在设计数据库时发挥它们的作用：

1) 几何体。用一系列有序的坐标点在图形界面中定义三维空间中的模型，在跟踪平面内创建几何体，包含多边形、边和点。

2）层次结构。为了使实时应用中几何体的渲染高效，需要在层次结构视图中对它们进行组织。多边形以面节点类型进行储存，它们组合在一起构成更高层的体节点，继而由体节点组成更高层次的组节点。节点包含图形要素（如几何体）以及维持视图层次的程序要素（如组节点）。节点在层次结构中用带标签的四方形表示。

（1）基本的节点类型

数据库中构建模型时使用的基本节点包括组、体、面、点等类型。通常组、体、面在层次结构视图中作为数据库默认底层头节点。

基本的节点类型描述如下。

1）数据库头节点。数据库头节点位于数据库层次结构的顶端。对于每个新文件，头结点由 Creator 自动创建，并在层次结构中用 db 来标志。与数据库有关的信息，如数据库单位、创建和修改日期等，被保存在头节点中，用户不能选择和编辑这些节点。

2）组节点。组节点为对象节点或其他有逻辑联系的节点的集合。把节点用逻辑关系组织到一起有利于在数据库中对其进行操作和控制。例如，移动节点时，可以通过移动节点所在的上一级组节点来同时移动组节点内的所有节点，否则得一个一个地移动每一个节点。组节点在层次结构视图中用红色表示，并且默认的 ID 以 g 开头。

3）对象节点。对象节点为面节点的集合。将面节点按照它们的逻辑关系组合到一起，有利于在数据库中对其进行管理和操作。对象节点在层次结构图中用绿色表示，并且默认 ID 以 O 开头。

4）面节点。面节点为按照一定顺序排列的共面顶点的集合，这些顶点共同表示一个平面。在层次结构图中面节点的颜色与图像视图中该面的颜色一样，面节点的默认 ID 以 p 开头。

5）顶点节点。顶点节点为数据控制的坐标点。每一个坐标点由唯一的三个数组成的数组定义。例如，坐标（0，0，0）定义了三维空间的中心，又被称为数据库原点。数据库坐标系统的单位（如英尺、米等），由数据库头节点的数据库单位属性定义。顶点通常在调用不同的编辑功能时创建，例如创建一个面等。由于模型通常包含很多顶点，为了节约空间，层次结构图中并不显示顶点节点信息。

为了得到特殊效果，还可以将如下的特征作为特殊节点添加到数据库中：

1）自由度（degree of freedom，DOF）定义了一定范围的运动。自由度节点可以在数据库层次结构中给几何体添加运动环节。

2）细节等级（level of detail，LOD）为具有不同复杂程度的模型的不同版本。细节等级节点定义不同细节的模型的可见范围。

3）光源可以为数据库添加光照。光源节点定义了光源的位置和方向，在层次结构中，光源节点的设置将影响它的子节点。

4）声音文件为数据库添加声音。声音节点被关联了一个声音文件，当在数据库中选择某位置时就会播放该文件。

（2）数据库节点的组织

OpenFlight 模型在数据库层次结构中被划分为多个组，以方便模型各部分的编辑。整个模型被组织成一个组节点，模型的一部分被表示为对象节点，对象的多边形用面节点表示，每个面有可操作的边和顶点。

以图 7-8 场景中的地球模型为例，来说明 Creator 管理模型的单独节点的基本思想。节点被布置在一个分级的树形结构中，以方便实时系统在读取时对这些图形进行显示，读取的顺序是从上到下，从左到右。地球对象在组节点之下，地球的每一个面作为一个单独的面节点并位于对象节点之下。当模型被创建时，Creator 自动地管

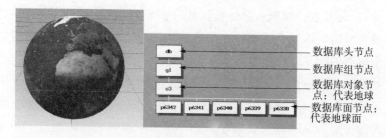

图 7-8　Creator 对节点的管理

理在这个结构中的地球的几何体，同时，建模工作者也可以利用 Creator 提供的工具来手动创建节点，如创建组节点或对象并将它们放置在层次结构中的任何位置。

7.2.2　MultiGen Creator 地形建模

对航天任务视景仿真来说，地形往往是一个非常重要的组成部分。地形的逼真程度，往往对视景仿真画面的质量和效果起着决定性的作用。

7.2.2.1　地形建模概述

要建立视景仿真应用的地形是一个非常复杂的工作，利用 Creator 建立地形模型的过程可以归纳为典型的 4 个步骤。

1）根据需要确定建模方法、模型大小和精细程度。

2）搜集创建模型所需的相关素材，包括地形的数字高程数据、地形纹理、地形的文化特征数据（如地面建筑、山川、道路、树木、河流、海洋等）。

3）利用上述素材建立三维实时地形模型。本步骤包含以下几个过程。

a）高程数据转换。在 MultiGen Creator 中，地形建模要求用 DED（digital elevation data）格式的高程数据，DED 格式是包括经度、纬度及高程信息的三维数据。通常的高程数据格式（如 DTED，DEM，DLG 等）并不能直接被 Creator 使用，所以在使用这些数据时，必须首先利用 Creator 自带的高程数据转化工具将 DTED 等格式的高程数据转化为 DED 格式。

b）利用 DED 数据建立三维模型。得到 DED 格式的高程数据后，就可以利用 Creator 的建模工具来建立三维地形模型了。建模过程包括选择生成区域、设置 LOD 图层显示范围、选择地理投影方式、选择三角形生成算法、设置等高线属性等。

c）纹理映射。利 DED 生成的地形三维模型并没有地形纹理，所以接下来需要为地形映射相应的纹理。纹理文件通常来源于卫星遥感图或者航拍图。使用时要求纹理大小为 2 的幂次方,且不超过 2 048×2 048,考虑到仿真实时性的要求,通常选择 512×512。

d)增加地形文化特征。仿真时通常对树林、草地、建筑、道路等有特别要求,为此还需给地形添加这些文化特征。

4)为了减少系统开销,最后需要对地形模型进行简化,简化原则是"合并可以合并的面,删除不必要的面",通过不断地修改 Vega Prime 仿真实验,直到地形适合所需求的仿真要求。

7.2.2.2　地形数据源

现在互联网上可以得到的地形原始信息的数据格式有很多种,如美国国家成像和绘图联合会(National Imagery and Mapping Association,NIMA)的 DTED 格式,美国地质勘探局(United States Geological Survey,USGS)的 DEM 格式。它们用不同格式的规范来描述特定地区的高程图。

但是,如前所述,Creator 并不能直接使用这些地形数据格式。在使用前,必须先将它们转化为 Creator 专用的数字高程数据 DED 格式。Creator 提供了专门的工具用于将 DTED 等格式的数据转化为 DED 格式的数据,如 readdma 工具可将 NIMA 的 DTED 格式高程数据转化为 DED 格式,readusgs 工具可将 USGS 的 DEM 格式高程数据转化为 DED 格式。

将数字高程原始数据转换成 DED 格式后,Creator 采用海拔高度柱重新构建地形,通常高度柱间的间隔是原始数据格网的间隔,如图 7-9 所示。

7.2.2.3　地形生成过程中的一些关键技术

在地形建模过程中,需要注意的是投影方式的选择和地形转换算法的选择,下面分别对其进行介绍。

(1)投影方式

地图投影就是将地球表面或某块地球曲面区域投影到平面上。在投影时,使用椭球体描述地球的三维形状,也作为控制投影的参

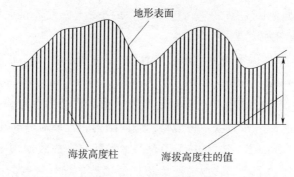

图 7 - 9　Creator 地形图

数。由于地球不是一个精确的圆球，不同的投影方式和椭球模型针对的是在特定的地区地球形状的不规则性。在赤道和两极附近所需的投影方式就有很大的差别。投影方式的选择取决于被投影的地形所在的位置、覆盖区域大小和形状。投影方式及椭球参数的选择原则是最大限度地降低所生成的地形的扭曲程度。

Creator 提供了 5 种投影方式。

1）Flat earth。将经纬度看做 x，y 方向的坐标，生成矩形地形数据。该投影方式通常适用于东西向较长，且远离两极的区域。

2）UTM（universal transverse mercator）。适用于南北向较长，或沿着两极的区域。UTM 沿着同一子午线将地球按 6°的经度区域划分。该投影方式的特点是沿着子午线方向的地形精确；反之，离东西子午线越远，扭曲度就越大。

3）Geocentric。一种圆形地球投影方式，z 轴从地心指向北极。该投影方式适用于大地形，或地球表面曲度的仿真。

4）Lambert conic conformal。使用两个平行线作为边界。在两个边界之间，所有的经度线都垂直于纬度线。对于高纬度飞行而言，当投影区域位于北纬 84°至南纬 80°之间时，该投影方式非常精确；越向两极，变形越明显。

5）Trapezoidal。一种方位角投影。中心区域的投影最准确，对于离中心越远的位置，投影变形越明显。该投影方式适用于小地形的投影，如：1°（经度）×1°（纬度）的小地形或更小的区域。

（2）地形转换算法

Creator 提供了 4 种地形转换算法：Polymesh，Delaunay，TCT（terrain culture triangulation）和 CAT（continuous adaptive terrain）。它们的差别主要在于对地形数据重新采样的方法。使用不同的地形转换算法和参数，将会得到不同结构和效果的地形模型。

1）Polymesh。Polymesh 算法从原始数字高程数据左下角开始，进行有规律的采样以获取地形多边形的顶点坐标。所以用 Polymesh 方法生成的三角形网格非常有规则，生成地形速度快，对于 LOD 数量没有限制，能够预测多边形数量。但是在生成比较平坦的地形部分时，三角形数目要比实际需要的多；而在地形比较陡峭的地方，获取的三角形数量又偏少，造成有些地形失真。

2）Delaunay。Delaunay 算法是现在最为流行的三角网格生成算法。该算法是一种基于标杆值地表三角形的地形生成算法，可以十分有效地对空间进行三角形剖分。与 Polymesh 转换算法相比，生成相同经度的地形模型，Delaunay 转换算法的地形模型数据库中包含的多边形数量较少。它的缺点在于不能预测地形多边形的生成数量，同时对地形模型多边形总数目也有一定的限制，还可能生成较短的三角带。

3）TCT。TCT 相当于一种带限制性的 Delaunay 转换算法，该转换算法的重要特点是允许将从 DED 数字特征数据文件中读取的特征数据信息当做地形高程信息对待，并使之与数字高程数据一起生成包含地形特征在内的完整地形模型数据库。TCT 转换的缺点是使用 TCT 算法生成的地形模型只能有一个单独的 LOD，而且只能用于批处理地形转换。

4）CAT。CAT 转换算法是 Delaunay 算法的改进，能够使相邻 LOD 地形模型之间的过渡更加平滑，能有效避免视觉上的不连贯现象。它的缺点是地形纹理至少跟地形面积一样大，占用比较大的 CPU 资源，目前只能用于 SGI 系统。

7.2.2.4　三维地形的生成

MultiGen Creator 的地形转换工具可以将真实世界的地理高程数据方便地转换为用于创建虚拟场景的多边形场景数据库。具体的转换过程如下。

1) 在 Creator 的地形窗口中读入 DED 格式文件。在 Creator 中选择新建一个地形工程，导入 DED 文件，打开后的地形窗口如图 7 - 10 所示。如果所载入的地形文件特别大，只需选择地形文件中的一小部分即可。

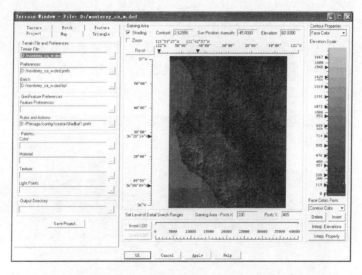

图 7 - 10　DED 文件的 Creator 地形窗口

2) 设置 DED 高程数据转换为三角化多边形的控制参数。在 Project 面板中设置 DED 文件、控制参数文件、特征参数文件等属性文件。在 Map 面板中选择数据库的长度单位、经纬度坐标，投影方式选择 Flat Earth 方式。在 Triangle 中选择 Delaunay 地形转换算法。在 Texture 面板中设置地形纹理。由于本地形面积相对总的面积较小，所以并不需要设置 Batch 面板参数。Batch 读入面板主要用来设置批处理，所谓批处理就是将一整块地形分割成许多块小的地形，在运行时根据需要加载显示哪一块的地形。

3）设置控制等高线显示的属性。等高线是地形图上高程相等的各点所连成的闭合曲线。一条等高线表示一个高度范围。在地形窗口左边的等高线属性控制面板中对地形等高线的属性进行设置。在等高线属性控制面板中设置等高线的表面颜色、材质、纹理，并且可以根据实际的需要改变等高线。

4）定义 LOD。LOD 设置控制显示不同复杂度的地形。最高级的 LOD 显示距离视点最近的地形，其中包含最多数量的修饰多边形。较低级的 LOD 显示用较少的多边形修饰。在 Creator 地形窗口中可方便地为地形数据添加 LOD。

5）在 Vega Prime 中测试地形。测试方法是在漫游状态下观察地形，遇到不平滑的突起或者凹陷时则退出，在 Creator 中修改模型。Vega Prime 中显示的建好的地形如图 7 - 11 所示。

图 7 - 11　Vega Prime 中显示的地形

7.2.3　高级建模技术

本节介绍 Creator 的高级建模技术，包括 LOD 技术和 DOF 节点创建方法等。

7.2.3.1　LOD 技术

LOD 技术用来控制显示的精细程度，它既能保证实时仿真时所需的可视化效果，又能提高可视化的演示性能。具体来说，LOD 节点是具有不同多边形数量的同一个模型的不同版本，如图 7 - 12 所示。当视点逐渐靠近模型时，LOD 技术可以用越来越精细的模型替代原来较粗糙的模型，来实现更好的可视化演示效果。具有最多多边形数量的模型被称为具有最高的 LOD，它只有在视点最靠近模型时才显示。当视点逐渐远离模型时，显示所需要的细节越来越少，则用具有较低 LOD 的模型替代原模型。

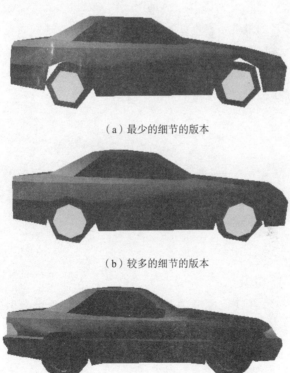

（a）最少的细节的版本

（b）较多的细节的版本

（c）最多的细节的版本

图 7 - 12　LOD 模型的各个版本

　　LOD 技术在进行大场景仿真时非常有用。此时，如果所有模型都按照最精细的模型进行显示的话，计算机需显示的多边形数量极高，有的时候甚至超出了计算机的显示能力范围，极大地影响了可视化的效果。为了节省系统资源，可以将一些离观察者比较远的模型进行一些显示上的细节调整，只让它使用细节较少的模型。而离观察者较近的模型则使用精细度较高的模型。这样不仅保证了显示效果，而且极大地提高了可视化仿真的效率。

　　LOD 的细节显示控制通过设置 Switch In 和 Switch Out 距离来实现，这里所指的距离为视点到 LOD 的几何中心的距离。Switch In 参数设置的是模型距离浏览者的最远距离，Switch Out 参数设置的是模型距离浏览者的最近距离，如图 7 - 13 所示，最外侧方框表示的 LOD 模型的 Swith In 距离为 6 000 m，Switch Out 距离为 2 000 m。当视点距离 LOD 的中心为 2 000~6 000 m 时，显示最外侧方框的模型；当距离小于 2 000 m 时，显示内侧方框的模型。

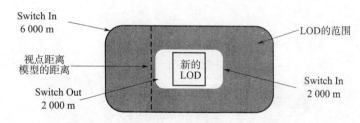

图 7 - 13　Switch In 和 Switch Out 示意图

7.2.3.2　DOF 技术

　　DOF 技术可以让模型的特定部分相对于其他部分具有相对运动，仿佛给模型添加了关节一样。DOF 节点可控制它的所有子节点按照设置的自由度范围进行移动或者旋转运动。DOF 技术通过为模型特定部分添加 DOF 节点，并在 DOF 节点上设置局部坐标系和自由度的限度来实现仿真时模型的关节运行。关节的相对运动是相对于所添加的局部坐标系而言的。

　　在视景仿真过程中，只需搜索相应的 DOF 节点名称，得到相应的节点句柄，就可以利用程序驱动 DOF 节点按照所需规律运动，实现需要的相对运动可视化仿真。

7.3　Vega Prime 视景驱动技术

Vega Prime 是一套应用于视景仿真的跨平台实时驱动工具箱，它拥有高效能的软件环境和工具包以实现实时仿真和虚拟现实应用。本节主要介绍基于 Vega Prime 的视景仿真驱动技术。

7.3.1　使用 VP 和 LP

VP 最好与 LP 一起使用。尽管 VP 包含了创建一个应用所需的所有 API，但 LP 简化了开发过程，而且 LP 允许开发者无需编写代码即可创建一个应用。

LP 是一个编辑器，用于增加不同种类的模型，为模型定义参数。这些参数都存贮于 ACF 中的一个模型结构内，这些参数包括观察者的位置、模型及它们在场景中的位置，在场景中的移动，光线，环境效果，以及目标硬件平台。ACF 包含了 VP 在初始化和运行时所需的信息。

可以在 Active Preview（动画预览）中查看所定义的内容。AP 允许使用交互式方法配置 ACF，Active Preview 会根据变化信息持续修改 ACF 的内容。当出现变化时，AP 将用新的数据更新 VP 仿真窗口内容。

同样可以用 C++语言编写程序使场景更加生动。可以根据应用中的特殊场景修改模型的参数。当一个模型建立后，可以修改它位置。VP 应用同样可以将 ACF 加载到一个图像数据流中。当编辑完应用后，它就成为一个可运行的 3D 实时应用。

7.3.2　Vega Prime 坐标系转换

首先介绍一下 Vega Prime 的常用坐标系及其使用方法。

7.3.2.1　Vega Prime 中使用的坐标系

（1）当地坐标系

当地坐标系用来将当地参考坐标系放置于某一特定的地球模型，而不用考虑该地球模型是平的还是圆的（见图 7 - 14）。

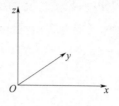

图 7 - 14　当地坐标系

（2）地理坐标系

纬度-经度-高度（LLE）参考坐标系，习惯上又被称为东北天（ENU）坐标系。该坐标系三个轴的指向与坐标原点所在位置的纬度、经度相关，x，y，z 三个轴分别指向当地的东方、北方和垂直向上方向（见图 7 - 15）。该坐标系与所使用的地球椭球模型密切相关。建模时所使用的测量坐标系被直接映射到投影、地心和当地地理坐标系。此时，与姿态相关的定义，如偏航、俯仰和滚转，通常都是相对于纬度-经度-高度参考坐标系的三个轴给出的。

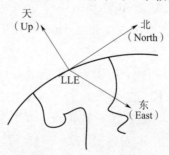

图 7 - 15　地理坐标系

（3）地心坐标系

地心坐标系（geocentric cartesian coordinate，GCC）位于地球

参考椭球模型的中心，x轴指向赤道与本初子午线的交点，z轴指向北极。此时，与姿态相关的偏航角、俯仰角和滚转角都是相对于地心坐标系的轴给出的。与坐标原点的经纬度密切相关的地理东北天坐标系的坐标轴的指向与地心坐标系的坐标轴的指向是不一样的，如图7-16所示。

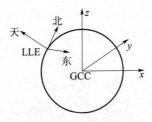

图7-16 地心坐标系

（4）投影坐标系

平面地球投影坐标系与固定在某一经纬度的东北天坐标系相关联。x轴表示东方，y轴表示北方，z轴指向上面。平面地图由地球参考椭球模型按照一定的算法投影到二维平面生成，如图7-17所示。

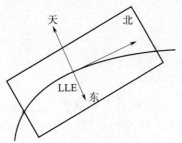

图7-17 投影坐标系

7.3.2.2 在 Vega Prime 中创建坐标系

在进行仿真时为了在 Vega Prime 使用上述坐标系，首先需要创建相应的坐标系。Vega Prime 使用 vpCoordSys 类来创建和管理各种坐标系，具体的函数为：

vpCoordSys：：vpCoordSys（Type type ＝ TYPE ＿ LOCAL，const Ellipsoid ＊ ellipsoid ＝ NULL）；

其中，参数 type 为所建立的坐标系的类型，可选的参数有 3 种：TYPE ＿ LOCAL，TYPE ＿ GEODETIC，TYPE ＿ GEOCENTRIC，分别对应当地坐标系、地理坐标系和地心坐标系。

参数 Ellipsoid 为建立坐标系时所使用的地球模型。由于当地坐标系不需要使用地球模型，在建立时参数 Ellipsoid 设置为 NULL。地理坐标系、地心坐标系和投影坐标系与地球椭球模型密切相关，在创建这些坐标系时需首先创建相应的坐标系并将其赋值给 Ellipsoid。在使用时，通常为了方便而使用默认的参考椭球模型，如：

vpCoordSys ＊ coordsys ＝ new vpCoordSys （ vpCoordSys：：TYPE ＿ GEODETIC， vpCoordSys：：DefaultSphere：：instance（）)；

如果默认参考椭球模型不满足要求，可根据需要创建参考椭球，使用的函数为：

vpCoordSysEllipsoid（const char ＊ name，double semimajor，double semiminor，double shiftX＝0.0，double shiftY＝0.0，double shiftZ＝0.0）；

其中，name 为参考椭球名字，semimajor 为椭球的半长轴，semiminor 为椭球的半短轴。

需要注意的是：在视景仿真中通常使用 Creator 创建的地球模型，此时应该使得 Creator 的地球模型与 Vega Prime 中参考椭球模型在半长轴和半短轴上保持一致，否则会出现定位不准确的问题。

下面举例说明如何创建参考椭球模型和与之相关的参考坐标系。

vpCoordSys：：Ellipsoid ＊ myEllipsoid ＝ new vpCoordSysEllipsoid （ "myEarth"，6378140.0，6356755.0）；

myEllipsoid －＞ref （）；

vpCoordSys ＊ coordsys ＝ new vpCoordSys （ vpCoordSys：：TYPE ＿ GEODETIC，myEllipsoid）；

在创建投影坐标系时，需首先指定投影方式。Vega Prime 提供了 6 种投影方式：ACEA，LCC，MPIFlatEarth，Stereographic，Trapezoidal 和 UTM，它们相应的创建函数分别为：

vpCoordSysProjectionACEA（const vpCoordSys：：Ellipsoid * e，double originLon，double originLat，double lowerLat，double upperLat）；

vpCoordSysProjectionLCC（const vpCoordSys：：Ellipsoid * e，double originLon，double originLat，double lowerLat，double upperLat）；

vpCoordSysProjectionMPIFlatEarth（const vpCoordSys：：Ellipsoid * e，double originLon，double originLat）；

vpCoordSysProjectionStereographic（const vpCoordSys：：Ellipsoid * e，double originLon，double originLat）；

vpCoordSysProjectionTrapezoidal（const vpCoordSys：：Ellipsoid * e，double originLon，double originLat）；

vpCoordSysProjectionUTM（const vpCoordSys：：Ellipsoid * e，int zone，int hemisphere）。

上述函数中各参数的具体含义可参见 Vega Prime 帮助文档，就不在此赘述。下面以 Stereographic 投影方式为例，说明投影坐标系的创建过程。

vpCoordSys：：Projection * myProjection ＝ new vpCoordSysProjectionStereographic（myEllipsoid，0.0，0.0）；

myProjection－＞ref（）；

vpCoordSys * myProjectionSys ＝ new vpCoordSys（myProjection）；

坐标系创建完成之后，需要与坐标转换系统结合起来才能使用。坐标转换系统的创建函数为：

vpCoordConverter（void）；

下面举例说明坐标系和坐标转换系统的使用步骤以及实体如何

调整位置和姿态。

vpCoordConverter ＊ ConvCoordSys ＝ new vpCoordConverter0；//创建坐标转换系统

ConvCoordSys->ref ()；//引用坐标转换系统

ConvCoordSys->setCoordSys (coordsys)；//给坐标转换系统设置坐标系

m_ObjPlane->setCoordConverter (ConvCoordSys)；//给实体指定坐标转换系统

m_ObjPlane->setPosition (x，y，z)；//设置位置

m_ObjPlane->setOrientation (h，p，r)；//设置姿态

7.3.2.3　各坐标系之间的转换

在 Vega Prime 中，当地坐标系、地理坐标系、地心坐标系和投影坐标系之间的转换关系如图 7-18 所示。从图中可以看出，它们

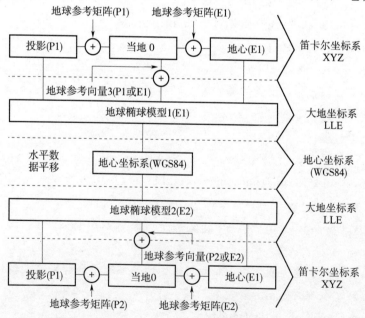

图 7-18　坐标系之间的转换关系

之间的互相转换的基准是 WGS84 坐标系。大地坐标系和地心坐标系之间可以相互转换。借助某种投影方式，投影坐标系和大地坐标系、地心坐标系也能相互转换。当地坐标系需借助参考椭球矩阵才能实现与其他三种坐标系之间的转换。

7.3.3　DOF 节点控制

在进行航天可视化仿真时，很多时候需要实现航天器各部件之间的相对运动，如太阳帆板的展开、探测器的转动、载人飞船舱门的开关等。此时，需要对 DOF 节点进行控制。

用程序驱动模型部件之间的相对运动的前提是建模时已经为相应的部件添加了 DOF 节点。本书已经在前面 Creator 建模部分详细介绍了 DOF 节点的创建方法，具体创建过程请参见前面相应部分。为了驱动 DOF 节点，首先需要利用模型的 DOF 节点名称获得 DOF 节点的句柄，然后利用相应的函数驱动 DOF 节点运动。设置太阳能帆板的转动代码举例如下：

m _ pDofSail =（vsDOF ＊）（m _ vpObj）->find _ named（"SolarSail"）；

m _ pDofSail ->ref（）；

m _ pDofSail ->setRotateH（Rotateh）；

7.3.4　自然环境设置

在基于 Vega Prime 进行可视化仿真时，很多时候需要使用各种各样的自然环境，并实时改变自然环境的状态。由于自然环境的参数较多，通常借助 Lynx Prime 对各种自然环境进行设置，并将设置后的结果保存在 ACF 中。仿真时，只需创建各个环境对象的指针，通过环境对象的名称或者对象的列表将其句柄赋值给指针，然后通过指针改变环境变量的参数。例如，仿真时对风速、雨、雪的控制代码如下：

vpEnvWind ＊ m _ wind；

```
vpEnvRain * m _ rain;
vpEnvSnow * m _ snow;
m _ wind = * vpEnvWind：：begin ();
assert (m _ wind);
m _ wind ->ref ();
m _ rain = * vpEnvRain：：begin ();
assert (m _ rain);
m _ rain ->ref ();
m _ snow = * vpEnvSnow：：begin ();
assert (m _ snow);
m _ snow ->ref ();
m _ wind ->setSpeed (5. 0f);
m _ snow ->setEnable (true);
m _ rain ->setEnable (false);
```

同理，粒子系统、火焰、烟雾等特效的控制也是首先在 Lynx Prime 中创建相应的特效，然后在程序中利用其句柄进行控制，具体的方法和程序代码就不在此赘述。

7. 3. 5　碰撞检测

在基于 Vega Prime 的场景中，物体之间的交互通过碰撞检测来实现，即利用碰撞检测器完成模型运动过程中的运动状态检测。在 Vega Prime 中提供 7 种方法有效地进行碰撞检测：Z，HAT，ZPR，LOS，TRIPOD，BUMP，XYZPR；同时提供严格定义的输入和输出方法，例如 Bump 方法沿 x，y，z 轴正负方向引出 6 条线段，测量对象与物体的距离，各个线段长度可分别设定，当距离小于线段长度时认为碰撞发生。碰撞检测还引入了消息机制，当碰撞发生时，消息订阅者会收到消息通知，从而可以实时进行相应的消息处理。

设置碰撞检测也有 2 种方法：一是利用 Lynx Prime 在 ACF 中进行设置；另外一种方法是在程序中生成碰撞检测对象，然后对其进行设置。

7.4　基于 MFC 的三维视景仿真系统框架

7.4.1　基于 MFC 的 VP 应用开发方法

MFC（Microsoft foundation class library）中的各种类结合起来构成了一个应用程序框架，目的就是让程序员在此基础上建立 Windows 下的应用程序，这是一种相对 SDK（software development kit）更为简单的方法。因为从总体上来说，MFC 框架定义了应用程序的轮廓，并提供了用户接口的标准实现方法，程序员要做的就是通过预定义的接口，把具体应用程序特有的东西填入这个轮廓。

7.4.1.1　VP 应用的组成

（1）应用程序

应用程序控制场景，模型在场景中的移动，以及场景中其他大量的动态模型。实时应用程序包括汽车驾驶、动态模型的飞行、碰撞检测和特殊效果。

在 VP 外的开发平台创建应用程序，并将文件以 .ccp 格式存档。它包含了 C++ 可以调用的 VP 库的功能和分类。在编辑完成后就形成了一个可执行的实时三维应用文件。

（2）应用配置文件

应用配置文件包含了 VP 应用在初始化和运行时所需的一切信息。通过编译不同的 ACF，一个 VP 能够生成不同种类的应用。ACF 为扩展 Mark up 语言（XML）格式。

可以使用 VP 编辑器 LP 来开发一个 ACF，然后使用 VP API 动态地改变应用中模型的运动。对于实时应用来说，ACF 不是必要的，但它可以将改动信息进行译码，记录在 .cpp 程序中，这样可以节省大量的时间。

（3）模型包

以前，通常是通过计算机辅助设计系统或几何学来创建单个模型，但这些方法在实时应用中很难进行编码。

现在，可以使用 MulitGen Creator 和 Model Builder 3D，以 OpenFlight 格式来创建实时三维应用中所有独立的模型。可以使用 Creator Terrain Studio（CTS），以 MetaFlight 格式来生成大面积地形文件，并可以使用这两种格式在 VP 中增加模型文件。

7.4.1.2　Vega Prime 应用程序工作流程

一个典型的 VP 应用程序的工作流程包括初始化、创建 vpApp 类对象、定义 ACF、配置、仿真循环、取消配置以及关闭这几个步骤，如图 7 - 19 所示。

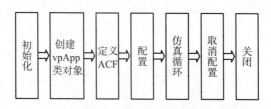

图 7 - 19　VP 典型工作流程

（1）初始化

初始化工作包括：检查 license 是否正确，初始化静态变量、内存分配、渲染库、场景、ACF 剥析程序、模块界面以及内核。

初始化代码：

vp∶∶ initialize（ __ argc， __ argv）；

在 MFC 应用程序里面只需要传递 __ argc 和 __ argv 两个参数即可，这两个参数对应于 MFC 应用程序的命令行参数的个数和命令行参数表的指针。

（2）创建 vpApp 类对象

vpApp 类用来定义一个典型的 VP 应用的框架。它在 vpApp. h 中被定义。所有成员函数都被内嵌了。vpApp 类的主体封装了 VP

应用中经常用到的 vpKernel 的功能。vpApp 类控制实时功能包括：定义 ACF、配置仿真、仿真循环和退出。

举例如下。

vpApp * app＝new vpApp；

从 vpApp 类创建一个新类，这是开始的最简单的方法。对 C＋＋很熟悉的读者就会明白现在可以轻松运用 vpApp 类了。

vpApp 类的所有成员都可以多次定制以满足应用的需求。用户可以通过 vpApp 类来创建新的类。一般来说，用户需要定义这个类的派生类来代替这个类，以添加需要的功能。

（3）定义 ACF

```
CMyApp：：define()
{
    CString acfFile；
    if(___argc＜＝1)//设置 ACF
        acfFile＝"vp_finaldesign. acf"；
    else
        acfFile＝___argv[1]；
    vpKernel：：instance()->define("vp_finaldesign. acf")；
    //加载 ACF
}；
```

这一步主要是装载和解析 ACF，VP 允许多次定制并且实时调用多个 ACF。ACF 是需要单独定义的。

定义语句可以替代 ACF 执行功能。参数就是用字符串来替代 ACF。与以往的 Vega 不同的是，在 VP 中，可以多次定制并且实时调用多个 ACF。这个功能顶替了 Vega 的 vgScan 函数。

举例如下。

调入 ACF，假定 argv [1] 就是当前的 ACF：

```
if ( argv [1])
app ->define ( argv [1])；
```

define（constchar＊）

virtual int vpApp：：define（constchar＊filename）；

filename 是所需 ACF 的名称。这个值可以用一行语句来表示，也可以通过复杂的语句来表示。

（4）配置

配置从 ACF 中分解而来，同时将不同的类关联起来。例如，它将系统中定义的 pipeline 添加给服务管理器，并且为每个类配置相关的联系。configure 功能是相互的，通过 unconfig 可以将应用配置返回到 configure 前的状态。config 方法经常被用户反复运用。

举例如下。

//configuremyapp

app ->configure（）；

（5）仿真循环

Run()执行主要的仿真循环。这个函数会持续调用 beginFrame（）来进行循环，然后调用 endFrame()来结束循环。通常在循环体内部来完成一些自定义的功能。当然还可以在循环过程中用 breakFrameLoop()来结束循环。

voidvpApp：：run（）

更新 Kernel 发生在仿真循环的中间：

vpKernel：：update（）

这种方法在主循环的中间通过应用来调用，否则它会被 vpKernel：：endFrame()自动调用，这个过程发生在 pKernel：：processNonLatencyCritical 信息传递给 Kernel 之前，即仿真循环的 non - latency - critical 阶段。

关于帧的准确位置有几点说明。所有仿真对象都由应用程序来定位，要么是通过使用 vsTraversalUpdate 来自动更新，要么是通过代码来手动更新。因此，应用程序的仿真更新部分大概分为 3 部分。

1）Pre - update。这部分包括仿真循环的代码和由 vpKernel：：EVENT ＿ PRE ＿ UPDATE ＿ TRAVERSAL 事件执行的代码。

2）VSG 更新。VSG 场景更新由 vpKernel：：update 内部触发。

3）Post - update。包括 vpKernel：：EVENT ＿ POST ＿ UP-DATE ＿ TRAVERSAL 事件执行的代码和主仿真循环中 vpKernel：：update 执行后的代码。

依赖于 vsTraversalLocate 或者直接获取信息（如 vsTransform）的位置查询是保持不变的，它们并不修改或更新场景。因此，通常来说位置查询可能产生不同的结果，这要看位置查询是在场景更新前还是更新后。如果在更新前执行，结果就会和预期的不同；如果在更新后执行，结果就会和预期的一致。因此，建议所有的位置查询都在仿真更新后执行。

（6）取消配置

取消配置会将应用程序返回到配置之前的状态，通知 VP 要结束仿真循环，并做一些进程结束前的收尾工作。

（7）关闭

这一步将退出 VP，主要的任务包括：释放被 kernelclasses 分配的内存，结束各模块以释放它们在应用中所占用的内存，终止多线程，将 licenses 返回给 license server。

7.4.1.3　VP 最小的应用

下面的例子是 VP 的最基本应用程序配置。

```
#include<vpApp.h>
intmain(intargc,char * argv[1])
{
//初始化 VP
vp::initialize(argc,argv);
//创建一个 vpApp 类
vpApp * app＝new vpApp;
//装载 ACF
app ->define(argv[1]);
//配置应用
```

```
app ->configure();
//仿真循环
app ->run();
//取消引用
app ->unref();
//退出 VP
vp::shutdown();
return0;
}
```

7.4.1.4　基于 MFC 的 Vega Prime 程序开发

以上是 VP 程序的最小应用，在 C++的基于命令行的程序中，就可以产生一个 VP 的应用程序了。但是要想在 MFC 程序框架下实现，还需要在配置这一步中增加一些内容。

m_pVpWnd= * vpWindow::begin ();　//获取 VP 窗口指针

m_pVpWnd ->setParent (hwnd);　//设置 View 类窗口为父窗口，参数 hwnd 为 View 类的窗口句柄

m_pVpWnd ->setBorderEnable (false);　//取消 VP 三维视景窗口的边框

m_pVpWnd ->setFullScreenEnable (true);　//设置 VP 窗口为全屏显示

另外，还需要响应 View 类窗口发出的 WM_SIZE 消息，以便在其窗口大小发生改变时，VP 应用程序窗口的大小也随之改变。例如利用 View 类产生对这个消息的响应函数为 CMydesignView::OnSize (nType, cx, cy)，可以在这个函数内部调用 VP 窗口的成员函数 setSize (cx, cy) 来改变 VP 窗口的大小。这样，当 View 类窗口的大小改变时，将发出一个 WM_SIZE 消息，于是 MFC 程序框架会根据消息映射调用消息响应函数 OnSize，那么 setSize 这个函数就会被调用，VP 窗口的大小被改变。于是，就实现了在 View 类窗口大小发生改变时，VP 应用程序窗口的大小也随之改变的目的。

7. 4. 2　三维视景仿真软件框架结构

三维可视化软件是基于 MFC 的 Vega Prime 可视化程序，在程序开始运行的时候需要为 Vega Prime 启动一个单独的场景渲染线程，该线程与用户工作线程分开。除了上述两个线程以外，该软件还将单独启动一个线程用于生成仿真数据，该仿真数据可以实时利用仿真计算模块计算得到，也可以接收网络数据或者读取本地保存的数据。系统的框架结构如图 7 - 20 所示。

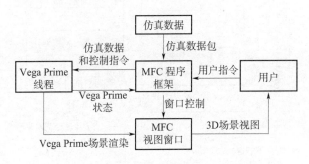

图 7 - 20　系统的框架结构图

三维可视化软件通过 MFC 框架将仿真数据和用户控制指令传递给 Vega Prime 线程，利用 Vega Prime 提供的场景渲染接口函数在 Vega Prime 虚拟的场景中完成三维实体的渲染并控制场景中的实体运动。场景渲染的效果通过 MFC 视图窗口呈现在用户面前。MFC 程序框架可以响应键盘和鼠标消息，这使得用户可以根据仿真运行的情况输入控制指令，完成对三维场景显示的控制。

三维可视化程序流程如图 7 - 21 所示。

程序将 Vega Prime 场景显示相关的任务放在一个单独的线程内进行，既可以加快场景的处理和渲染，又可以减少场景显示给用户工作线程增加的负担，加速用户操作的响应。而用户操作的工作线程则主要用来处理程序与微机间的系统消息。此外，由于用户工作线程与 Vega Prime 线程是分开的，程序需要开辟一块共享内存来存

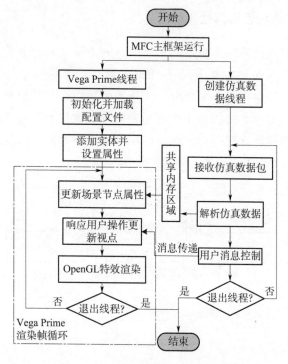

图 7 - 21　三维可视化软件流程图

放两个线程公用的数据，同时还需使用消息传递机制将用户工作线程接收的用户控制指令传递给 Vega Prime 线程。

7.4.3　类设计

　　根据上述框架设计和流程设计，基于 Vega Prime 开发的三维可视化软件各种功能实现所需要主要的类之间的关系如图 7 - 22 所示，其中虚线框之内为 Vega Prime 类，其他的为用户定义类。

　　在用户定义类中，CDataBase 类是基类，保存了实体的名称、位置等基本信息。CObject 类、CObserver 类、CDofObj 类均继承自 CDataBase 类，分别用于保存三维物体、视点、DOF 节点相关的信息，CScene 类保存了每个三维场景的各种数据，如：位置、场景名

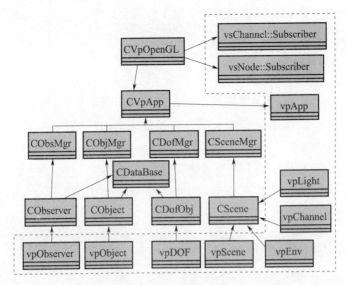

图 7 - 22 主要类的关系

称、Vega Prime 对象等。CObsMgr 类、CObjMgr 类、CDofMgr 类、CSceneMgr 类调用 Vega Prime 的各种操作函数分别实现对视点、三维物体、DOF 节点和场景的操作控制和管理，它们被称作管理控制类。CVpOpenGL 类是基于 OpenGL 开发的，是用于实现相关特效的特效处理类，如卫星轨道线、星空绘制、火箭尾焰、雷达探测波束特效等，在程序中采用通道回调函数的形式来调用，因而需要为相关的通道订购这类函数。

CVpApp 类继承自 Vega Prime 核心类 vpApp，聚合了上述管理控制类和 CVpOpenGL 类，并调用这些类的接口函数完成各个三维场景的渲染，它负责三维场景的配置、定制各种消息或通道回调函数、循环更新帧信息等，如加载配置文件、动态创建场景、配置场景属性、控制三维物体、动态添加或删除实体、定制 OpenGL 特效回调函数等。

三维场景显示所使用的三维实体模型是采用 MultiGen Creator 三维建模软件构建的。实体模型由细小的三角面片构成。建模过程中也借助了图像处理软件来制作相关的模型纹理。

7.5　OpenGL 特效制作

Vega Prime 是对普通视景仿真应用的高级抽象，它提供了许多高级功能，能满足现今绝大部分视景仿真应用的需要，同时还具有简单易用的特性。但是，对于某些特殊的较为基本可视化仿真，如航天可视化仿真中的卫星覆盖区、通信探测波束、卫星轨迹等，Vega Prime 实现起来却十分困难。为了解决这些问题，达到更好的可视化效果，需要将 Vega Prime 和 OpenGL 结合起来，优势互补。

7.5.1　OpenGL 介绍

OpenGL 是一个三维的计算机图形和模型库，最初是美国 SGL 公司为图形工作站开发的一种功能强大的三维图形机制（或者说是一种图形标准）。它源于 SGL 公司为其图形工作站开发的 IRIS GL，在跨平台移植过程中发展成为 OpenGL。

OpenGL 独立于硬件和窗口，在运行各种操作系统的各种计算机上都可以使用，并能在网络环境下以客户/服务器模式工作，是专业图形处理、科学计算等高端应用领域的标准图形库。

利用 OpenGL 可以创作出独立于窗口系统（windowing system）、操作系统（operating system）和硬件平台的三维彩色图形和动画。OpenGL 的核心库包括 100 多个用于三维图形操作的函数，主要负责处理对象外形描述、矩阵变换、灯光处理、着色、材质等和三维图形密切相关的事情。OpenGL 工具库所包含的辅助函数是 OpenGL 基本函数的补充。这些函数功能相对高级，可以用于坐标变换，错误处理，绘制球体、锥体、柱体、曲线、曲面等图形实体。

7.5.2　Vega Prime 与 OpenGL 的混合编程

Vega Prime 中使用 OpenGL，首先需要将 openGL 32. lib，

glu32. lib，glaux. lib 库函数加入到 link 中。

Vega Prime 中提供了一种事件订阅公布的机制，来支持类似调用 OpenGL 进行绘图的操作。事件在 Vega Prime 中就是它所能捕获到的用户动作或系统行为，在 Vega Prime 中，每一个想要定义事件的类都要定义一个事件枚举量（Event）和一个类的作用域内的订阅者（Subscriber）。其中 Event 用来定义该类所公布的事件，Subscriber 用来为响应这些事件提供方法，即 notify（ ）函数。

在 Vega Prime 的场景实时渲染中，系统对每一帧的处理分为 Application（应用程序：仿真处理）、Cull（截取：决定可视化数据库哪些部分需要被显示）、Draw（绘制：遍历显示列表并发布绘图指令）。要在绘制的过程中实现 OpenGL 的功能，就要求响应 vsChannel 的 EVENT_POST_DRAW 或 EVENT_PRE_DRAW 事件，其中 EVENT_PRE_DRAW 表示在已创建通道之后，开始场景绘制之前通知该事件订阅者；EVENT_POST_DRAW 则表示在绘制通道之后，调用交换缓冲器之前通知该事件订阅者。举例说明具体的订购和回调方式：

```
vpChannel * m_mychan = vpChannel::find("ChannelOne");
ASSERT(m_mychan);
m_mychan -> addSubscriber(vpChannel::EVENT_POST_
DRAW, this);
return vsgu::SUCCESS;

void CVpOpenGL::notify(vsChannel::Event, const vsChannel
* channel,
vrDrawContext * context)
{
//在此添加 OpenGL 绘制代码
}
```

在每次帧循环后 Notify 函数会被系统调用，随着帧循环里面被绘制的内容一起在帧循环结束后被系统绘制到屏幕上。

在 Vega Prime 中使用 OpenGL 进行绘制时，需要注意 Vega Prime 和 OpenGL 之间的坐标转换。Vega Prime 坐标系和 OpenGL 坐标系都是右手坐标系，但 OpenGL 坐标系的 Z 轴垂直屏幕指向外面，而 Vega Prime 的坐标系的 Z 轴是垂直向上的。

7.5.3　航天任务特效的 OpenGL 实现

在进行航天任务可视化仿真时，需要实现很多特殊效果，如：绘制卫星轨迹、通信波束等。下面给出卫星轨迹和通信波束的绘制程序代码。

（1）卫星轨迹的绘制

根据轨道计算模块计算出的卫星轨迹坐标，采用 OpenGL 中的 GL_LINES 模式绘制一条经过所有顶点的连续折线来模拟卫星轨迹。具体绘制的 C++ 代码如下：

```
std::vector<vuVec3d>::const_iterator it,eit;
it = points->begin();
eit = points->end();

glLineWidth(m_LineWidth);
glEnable(GL_DEPTH_TEST);
glBegin(GL_LINES);
glColor3ub(r,g,b);
vuVec3d point;
if(it! =eit)
{
    point = * it;
    glVertex3d( point[0],point[1],point[2]);
    for(++it;it! =eit;it++ )
    {
```

```
        point = *it;
        glVertex3d( point[0],point[1],point[2]);
        glVertex3d( point[0],point[1],point[2]);
    }
}
glEnd ();
glDisable(GL_DEPTH_TEST);
```

程序的运行效果如图 7－23 所示。

图 7－23　卫星轨迹

（2）卫星通信波束的绘制

采用 OpenGL 的 GL ＿ TRIANGLE ＿ FAN 模式和一维纹理映射来实现卫星波束的绘制，具体代码如下：

```
glBegin ( GL ＿ TRIANGLE ＿ FAN );
for ( int i＝0; i＜6; i＋＋ )
{
pObj－＞ m ＿ pWaveArray [i] . t －＝ f;
glTexCoord1f ( pObj－＞ m ＿ pWaveArray [i] . t);
glVertex3f ( pObj －＞WaveArray [i] . x, pObj －＞WaveArray
[i] . y, pObj －＞WaveArray [i] . z );
```

```
}
glEnd ();
glDisable (GL _ TEXTURE _ 1D);
```

绘制结果如图 7 - 24 所示。

图 7 - 24　卫星通信波束

7.6　小结

　　本章对航天任务视景仿真技术进行了详细介绍。首先，介绍了三维视景实时应用的相关组成、原理等基本知识；然后，对 Creator 建模理论进行详细介绍，包括实体建模和地形建模；接下来，介绍了 Vega Prime 视景驱动技术和关键技术，以实现对物体运动的控制和仿真场景的渲染；随后，介绍了三维视景仿真系统框架的开发技术及实时应用的实现；最后，给出典型的航天任务视景仿真开发案例。所涉及的内容可满足基本的航天任务仿真需要。利用本章的知识，可满足开发常用航天任务仿真程序的需求。

参 考 文 献

[1] Presagis USA，Inc. Vega Prime Programmer，s Guide，Version 2.2.1，USA，Presagis USA，Inc.，2008.

[2] MultiGen - Paradigm，Inc. Creating models for simulations，Version 3.0 for Windows［M］. MultiGen - Paradigm，Inc.，2004.

[3] 唐强. 虚拟现实实时仿真解决方案 Vega Prime［J］. 软件世界，2009（9）：37 - 40.

[4] 郑淳，尚涛. Vega Prime 环境下的古建筑虚拟现实系统［J］. 武汉大学学报（工学版），2006，39（2）：83 - 87.

[5] 李亚臣，胡健，黎远忠，等. 基于 Vega Prime 的航天器视景仿真中的多坐标系问题［J］. 系统仿真学报，2007，19（3）：575 - 578.

[6] 边少锋. 大地坐标系与大地基准［M］. 北京：国防工业出版社，2005.

[7] 陈宏敏，战守义，张伟. 基于实时测控数据驱动的航天可视化仿真系统［J］. 系统仿真学报，2008，20（Suppl）：268 - 272.

[8] 韩志英，席志红，项学智. 基于 Creator/Vega 的空间目标视景仿真［J］. 应用科技，2010，37（5）：29 - 32，68.

[9] 白彬，李洪儒，叶鹏. 基于 Vega Prime 的飞行器视景仿真关键技术研究［J］. 战术导弹技术，2009，（4），81 - 84.

[10] 方琦峰，康凤举，张楚鑫，等. OpenGL 在 Vega Prime 开发环境中的应用研究［J］. 计算机仿真，2008，25（6）：191 - 194.

[11] 廖炎平，刘莉，杜小菁，等. Vega Prime 实时视景仿真中粒

子系统的应用研究 [J]. 系统仿真学报，2010，22（4）：938-941.

[12]　杨勇，殷宏，宋晓江. 基于 Vega Prime/Creator 的三维环境仿真系统开发 [J]. 计算机与信息技术，2009：30-31.

[13]　李亚臣，罗永锋，黎远忠，等. 基于 Vega Prime 的弹箭视景仿真 [J]. 弹箭与制导学报，2007，27（4）：222-225.

[14]　戚泽华，杜小菁，廖炎平，等. 基于 Vega Prime 的集束火箭仿真训练系统的研究 [J]. 系统仿真学报，2010，22（2）：366-369.

[15]　王志乐，孙忠云，朱国涛. 基于 Vega Prime 的潜望镜视景仿真系统的实现 [J]. 计算机应用于软件，2010，27（6）：207-209.

[16]　张德锋，王华兵，薛原，等. 基于 Vega Prime 的视景仿真技术研究与应用 [J]. 计算机仿真，2006，23（7）：191-195.

[17]　王云翔，赵经成，付战平，等. 基于 Vega Prime 的视景仿真驱动技术研究 [J]. 微计算机信息，2008，24（8-3）：214-216.

[18]　陈楷民，帅锐. 基于 Vega Prime 的塔台视景仿真系统的实现 [J]. 中国民航飞行学院学报，2006，17（1）：20-23.

[19]　杨凌云，熊伟. 基于 Vega Prime 的卫星伴飞仿真 [J]. 系统仿真技术及其应用，2010，11：644-646.

[20]　邢英，赵振南. 基于 Vega Prime 三维场景大地形的实时仿真 [J]. 电脑知识与技术，2008.

[21]　程委，廖学军，李智. 基于 Vega Prime 与 OpenGL 的卫星在轨运行视景仿真 [J]. 装备指挥技术学院学报，2007，18（6）：50-54.

[22]　古伊，高井祥，孙九运. 基于 Creator Pro /Vega Prime 的三维地形仿真技术 [J]. 矿山测量，2005，（1）：27-29.

[23]　刘淑霞，范雄飞，孟艳. 基于 MFC 的 Vega Prime 程序框架

研究［J］．系统仿真技术及其应用，2010，(11)：418 - 421.

［24］　孙科峰，李洁．基于 Vega Prime 的多场景仿真系统框架［J］．计算机仿真，2007，24 (12)：193 - 195，251.

［25］　黄伟，戴余良，王长湖，等．Creator/Vega Prime 在船舶动力装置视景仿真系统中的应用［J］．系统仿真技术，2008，4 (4)：277 - 281.

［26］　徐鹤．基于 MultiGen Creator Vega Prime 无人机三维视景仿真系统［D］．南京：南京航空航天大学，2008.

［27］　和平鸽工作室．OpenGL 高级编程与可视化系统开发（高级编程篇）［M］．北京：中国水利水电出版社，2003.

［28］　和平鸽工作室．OpenGL 高级编程与可视化系统开发（系统开发篇）［M］．北京：中国水利水电出版社，2003.

附录　参考博士学位论文目录

[1]　夏丰领. 基于 HLA 的航天任务系统仿真方法研究. 北京：北京航空航天大学，2007 - 07，指导教师：赵育善教授.

[2]　卢山. 航天器自主交会的相对轨道动力学与控制研究. 北京：北京航空航天大学，2009 - 05，指导教师：徐世杰教授.

[3]　刘滔. 空间××平台大范围轨道快速机动问题研究. 北京：北京航空航天大学，2009 - 05，指导教师：赵育善教授.

[4]　师鹏. 空间××平台近距离相对运动的动力学与控制问题研究. 北京：北京航空航天大学，2009 - 12，指导教师：赵育善教授.

[5]　李保军. 空间××平台的近距离相对机动研究. 北京：北京航空航天大学，2010 - 10，指导教师：赵育善教授.

[6]　刘涛. 航天器近距离机动轨迹规划与控制问题研究. 北京：北京航空航天大学，2012 - 05，指导教师：徐世杰教授，赵育善教授.

[7]　韩飞. 空间漂旋目标的相对状态测量与逼近导引. 哈尔滨：哈尔滨工业大学，2014 - 12，指导教师：段广仁教授.

[8]　孙俊. 高分辨率航天器姿轨一体化敏捷控制. 哈尔滨：哈尔滨工业大学，2014 - 12，指导教师：张世杰教授.